基于数字技术的景观规划、设计与研究

陈明 主编
文晨 戴菲 副主编

图书在版编目（CIP）数据

基于数字技术的景观规划、设计与研究 / 陈明主编；
文晨，戴菲副主编. — 北京：中国建筑工业出版社，
2023.5
ISBN 978-7-112-28803-8

Ⅰ. ①基… Ⅱ. ①陈… ②文… ③戴… Ⅲ. ①景观规
划②景观设计 Ⅳ. ①TU983

中国国家版本馆 CIP 数据核字（2023）第 101045 号

本教材立足于数字技术辅助风景园林规划设计，结合适用性强且经典核心的数字技术，侧重于它们在景观规划设计的应用，提供了风景园林规划设计各阶段工作内容所应用的技术方法，包括：①风景园林领域常用的数据采集，包括遥感影像解译数据、地形数据、城市空间要素数据、生态环境数据等，在此基础上介绍了各项数据的基础分析方法；②景观设计及热门的分析方法，基于无人机倾斜摄影进行场地三维空间建模，以此进行方案设计并构建设计模型；③景观规划及经典的分析方法，以 GIS 平台为主的分析评价，进行城市公园绿地的服务范围分析、可达性分析与空间优化布局分析等；④风景园林研究涉及的技术方法，包括景观格局分析、形态学空间格局分析等。

本教材在相关理论简介的基础上，提供了详细的技术方法流程，既包含规划设计实践，也囊括科学研究可应用的分析方法，具有较广的适用性。

责任编辑：曹丹丹
责任校对：刘梦然
校对整理：张辰双

基于数字技术的景观规划、设计与研究

陈 明 主 编

文 晨 戴 菲 副主编

*

中国建筑工业出版社出版、发行（北京海淀三里河路9号）

各地新华书店、建筑书店经销

北京红光制版公司制版

天津画中画印刷有限公司印刷

*

开本：787毫米×1092毫米 1/16 印张：11¼ 字数：276千字

2024年1月第一版 2024年1月第一次印刷

定价：**45.00**元

ISBN 978-7-112-28803-8

（41195）

前　言

当前，数字技术越来越多地在规划设计过程中所采纳，为解决复杂的场地问题提供机遇，提高规划设计方案的合理性、客观性与科学性。因此，近年来不断涌现出风景园林数字技术相关的学术论文、著作、专题讨论等，奠定了扎实的理论研究基础。国内外各大高校中，也不断开展相关的课程教学。然而，风景园林相关数字技术不应当只停留在技术本身，还应考虑数字技术在风景园林规划、设计、研究等方面的应用，尤其对于风景园林规划设计课程、风景园林研究课程，纳入数字技术进行前期的现状分析、中期的规划、设计过程、后期的方案实施评估，有利于提高规划设计方案的科学性，增强研究成果的实用价值。

为适应"双一流"建设，华中科技大学自上而下重新规划专业学位的课程内容框架，统筹各学院、学科专业实验教学的改革，于2016年启动了第一期专业实验的建设工作，风景园林是其中专业之一。学校"双一流"建设以人才培养为核心，其核心目标为建设为世界一流大学，着力一流人才培养，培养具有社会责任感、创新意识、工匠精神、扎实技术的专门人才，因此，数字技术是风景园林学科建设与人才培养的关键抓手。在教育教学中，数字景观对培养面向行业、面向应用、面向实践的高层次人才具有重要的地位，通过"高起点、创新性、行业性、专业化"的建设方法，以及实验结合应用的途径，实现人才培养。本教材的引导目标如下：

（1）提供风景园林数字技术的理论知识。介绍风景园林领域经典与前沿的数字技术，培养学生对数字技术的兴趣与探索能力，加强依托数字技术规划设计的理论知识体系。

（2）为景观规划设计的实践应用提供支撑。本教材涉及的各种技术是在风景园林学科领域内逐步兴起，而且会引领今后发展的前沿技术，在实践应用中具有巨大的潜力，从而提高风景园林专业学生的创新意识与技术敏感性，培养科学技术与艺术创意融合的高素质与技术引领型人才，带动行业的创新性发展。

（3）为研究型课程设计体系的打造提供指导。本教材介绍景观规划设计过程中，前沿技术的应用方向与操作流程，及其如何与规划设计相结合，培养科学规划设计能力，为创新型规划设计成果提供全方位技术支持。

本教材涉及的技术分析方法较多，内容复杂，如有不当之处，请批评指正！

目录

## 第 1 章

景观数字技术概述

本章要点 🔍

1. 数字技术与景观数字技术的概念。
2. 景观数字技术的发展阶段。
3. 景观数字技术的主要应用。

1.1 数字技术与景观数字技术

当前，新一轮的技术革命引领着全球的生产生活不断地发生巨大的改变，数字技术发挥了重要作用。数字技术是随着互联网的迭代，在市场需求中应运而生的一门技术。它可以将各种信息，包括图片、文字、声音、影像或者其他信息，转化为计算机识别的二进制语言，然后进行加工、储存、分析以及传递，主要包含大数据、云计算、人工智能、物联网、区块链和 5G 技术。计算机的诞生带领世界从信息时代向数字时代过渡与转变。我国"十四五"规划纲要提出的"要加快数字化发展、建设数字中国"，使数字技术的发展达到了空前的热度，各行各业都在探索数字技术的应用。

在《中国大百科全书：建筑、园林、城市规划》中，风景园林被定义为"一门集科技与艺术、形象思维与逻辑思维于一体的综合性学科，培养学生掌握生活、游憩、生产等户外空间的规划、设计与管理的理论与方法"，其学科内涵具备科学性与艺术性的双重属性。其中，科学性要求该学科对物质空间环境的发展与变化规律有所认识，通过定量的方法揭示其内在机制。因此，数字技术的介入成为必然。

随着数字技术在风景园林领域应用的推广，德国安哈尔特应用技术大学（Anhalt University of Applied Sciences）在 2000 年举办的第一届数字景观会议（Digital Landscape Architecture Conference）中，首次使用"Digital Landscape Architecture"一词。随后，国内教育者、学者、风景园林师在进行该领域的教育、研究或项目实践的过程中，普遍采用其意译——"数字景观"。时至今日，"数字景观"已经成为业界普遍认可的概念，它是指借助计算机，综合运用 GIS（Geographic Information System，地理信息系统）、遥感、遥测、多媒体技术、互联网技术、人工智能技术、虚拟现实技术、仿真技术和多传感应技术等数字技术，对景观信息进行采集、监测、分析、模拟、创造和再现的过程、方法与技术。然而，从"数字景观"提出的初衷来看，该词理应强调数字技术在风景园林领域的应用，但实际上重点落在了"景观"上，未能反映初衷，"数字景观技术""景观数字化""数字化景观"等类似词汇的出现，更加模糊了国内的用词标准。

　　本书采用的"景观数字技术"，包含景观信息采集、分析与评价、模拟与可视化、建造与反馈等数字技术，可理解为：综合应用大数据、无人机航拍航测、生理监测技术等对风景园林及人群行为活动等信息进行采集，数值模拟、人工智能、虚拟现实、增强现实等技术对场地环境、景观格局等进行模拟与可视化，3S技术（地理信息系统GIS、遥感RS、全球定位系统GPS）、数理统计技术等进行风景园林信息的定量分析与评价，参数化设计、3D打印、LIM（Landscape Information Model，景观信息模型）等进行数字化建造的一系列应用于风景园林规划设计全周期的技术与方法。

1.2　景观数字技术的产生与发展

　　在当今的数字时代，数字技术正潜移默化地影响风景园林行业的发展，景观数字技术发展至今也不过短短数十年，却为风景园林行业的发展带来了翻天覆地的变化。景观数字技术数十年发展的历程主要包括以下几个重要转型阶段：

　　1. 以计算机辅助设计为代表的设计方案可视化技术

　　20世纪80年代初，CAD（Computer Aided Design，计算机辅助设计）在风景园林行业的引入，标志着景观数字技术的开始，使风景园林规划设计的工作模式发生了第一次巨大转变。CAD代替了设计师传统的手工绘图，极大地提高了工作效率，成为对规划设计方案进行数字存档与可视化的早期代表技术。CAD不断更新，逐渐完善功能与使用方式，并与其他软件平台相配合，更好地服务了实践项目，至今仍是风景园林行业从业者必备且主要的工具之一。

　　2. 以GIS为代表的景观分析与评价技术

　　20世纪90年代，美国加州工学院波莫纳校区的卡伦·汉娜（Karen Hanna）教授出版的著作《GIS for Landscape Architects》标志着景观数字技术进入第二核心阶段，即GIS在风景园林领域的应用，使其成为景观分析与评价的代表技术之一。基于GIS的景观项目实践可以将规划设计方案与真实的场地地理环境信息相结合，便于各类数据的空间叠加，进行各项评价与反馈，也有利于多种数据的高效整合。GIS的引入实现了早期（20世纪60年代）伊恩·麦克哈格（Ian McHarg）提出的千层饼叠加方法的计算机实现方式，体现了在规划设计时对场地各要素的科学理性评估（图1-1）。在此后的30多年里，GIS在适宜性评价、可达性分析、三维景观构建、可视性分析、景观生态学、生态系统服务、地理设计等方面掀起了热潮，并不断向多方面、多视角展开应用。这些分析评价使景观规划设计过程从传统的主观感性思维向客观理性思维转变，为得出科学合理的规划设计方案奠定了基础，成为风景园林行业一项重要的技术工具。

　　GIS作为一种强大的数字技术，吸引着众多商业机构、科研机构，研发出了多种多样的软件产品。由世界最大的地理信息系统提供商——Esri（Environmental Systems Research Institute，Inc.，美国环境系统研究所公司）开发的ArcGIS，是我国当前使用的主流GIS产品，受到各大高校的广泛青睐，被应用于教学或研究中。

　　3. 以BIM/LIM为代表的信息模型技术

　　21世纪初，BIM（Building Information Model，建筑信息模型）从一种理论思想变成

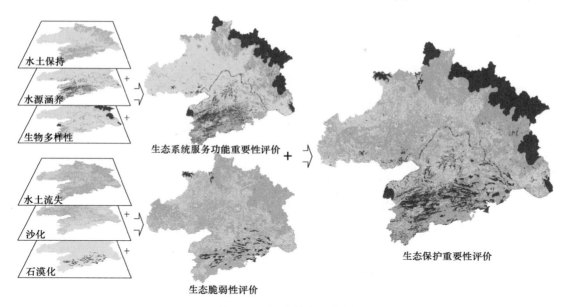

图 1-1 GIS 中的叠加分析

了用来解决实际问题的数据化工具和方法，并逐渐发展成熟。BIM 基于其超出传统 CAD 和 3D 建模的强大优势，正逐渐颠覆当代设计师的工作模式。此后，景观信息模型 LIM 也开始兴起，成为未来风景园林数字技术的发展趋势。

BIM/LIM 不是一个软件，但软件却是实现 BIM/LIM 的工具。它们是通过技术手段和标准化流程综合生成并由人们操作实施的系统，现在已经发展成为一整套的"软件体系"，包含了工具、标准和过程的完整文档，指导人们如何在项目全生命周期中应用 BIM/LIM 技术。BIM/LIM 的最大优势与特色在于，通过三维建模的方式，可以将风景园林工程实践项目的设计、施工、运营管理全过程进行信息化，全面统筹把控规划设计的全周期（图 1-2）。

由于 BIM 的发展早于 LIM，早期风景园林工程项目主要使用 BIM 技术，进行场地地形设计、园林植物种植、景观小品布置、园林建筑设计等。LIM 的发展仍处于起步阶段，但也被应用于场地信息化、公园景观、雨水花园等小型场地的改造中。

4. 以虚拟/增强现实为代表的景观可视化技术

VR（Virtual Reality，虚拟现实技术）是一种对环境信息进行模拟的虚拟仿真技术，利用三维图形生成技术、多传感交互技术以及高分辨率显示技术，生成三维逼真的虚拟环境，用户通过特殊的交互设备进入虚拟环境中。随着技术的发展，AR（Augmented Reality，增强现实技术）也出现在人们的视野中，它提高了虚拟和现实的互动，使人们在虚拟环境中有更好的体验。

虚拟技术在 21 世纪初开始应用到风景园林设计中，曾在 2011 年国际数字景观大会引起热烈探讨，它们的引入使风景园林可视化方式发生了巨大改变。VR 与 AR 中现实环境与数字化可视环境的叠合，为人们提供了与虚拟环境动态交互的途径，为风景园林空间环境提供实时、交互、动态、主动的设计方式（图 1-3）。在科技不断发展的未来，将虚拟技术与风景园林项目实践进行高度结合，将是极具潜力的发展方向。

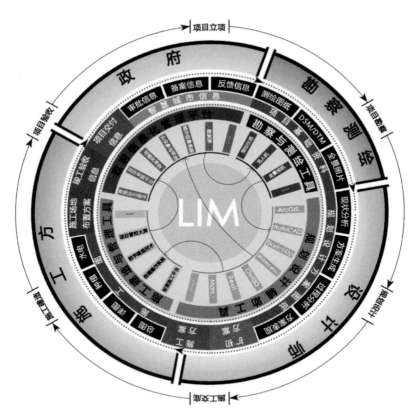

图 1-2　LIM 全生命周期流程

资料来源：舒斌龙，王忠杰，王兆辰，等．风景园林信息模型（LIM）技术实践探究与
应用实证［J］．中国园林，2020，36（9）：23-28

图 1-3　利用 VR 进行场地景观评价

资料来源：陈国栋，邱冰，王浩．一种基于虚拟现实技术的植物景观规划设计方案评价与
修正方法——以长荡湖旅游度假区为例［J］．中国园林，2022，38（2）：31-36

5. 以人工智能为代表的研究方法与技术

人工智能作为 21 世纪三大尖端技术之一，虽然是计算机学科的分支之一，但在各行各业中都有着广泛的应用，在风景园林领域同样具有极大的发展潜质。当前，人工智能在

风景园林领域的使用方法主要有 3 类——人工生命类（元胞自动机、智能体模型与多智能体模型等）、智能随机优化类（遗传算法、模拟退火法等）、机器学习类（人工神经网络、卷积神经网络、决策树、随机森林等）。

（1）人工生命类方法以遵循自然界的规律与特质为准则，通过人工系统的建模方法及核心算法，模拟自然生命现象，探索生命进化规律，主要解决风景园林中的模拟问题，以及验证或预测实施的策略，例如用元胞自动机模拟景观更替、景观格局，预测景观的未来发展形势。

（2）智能随机优化类是一种生成并利用随机元素（数据的随机性或算法的随机性）的优化算法，主要用于寻求优化问题的最优解，例如利用遗传算法可以辅助景观评价、景观数据分析，对风景环境复杂的地形地区进行道路选线，得出最适宜的路线。

（3）机器学习类当前热度最高，它是一类从数据中自动分析获得规律，并利用规律对未知数据进行预测的算法，主要用于分类与预测，可用于解决风景园林中的场地信息提取、景观分析与评价、方案自生成三大方面的问题（图 1-4）。场地信息提取方面，主要基于遥感影像数据，进行土地利用识别和分类。景观分析与评价方面，当前主要有以下三方面的应用。首先，用于景观格局分析，利用机器学习的处理复杂事物与问题的能力，获得景观格局驱动力及其背后复杂的影响机制，并结合人工生命类方法，进行未来景观格局模拟。其次，常用于街景图像的街景评价，从街景空间景观的信息提取与分析，到结合主观性评价建立综合评价模型，然后进行街景感知评价。最后，可用于对问卷、网络文本大数据等文本数据进行使用后感知评价分析。方案自生成方面，则应用机器学习的分支——深度学习，由于其强大的图像识别和生成能力，可以用于景观规划或设计方案的自动生成，为寻求合适的方案提供依据。

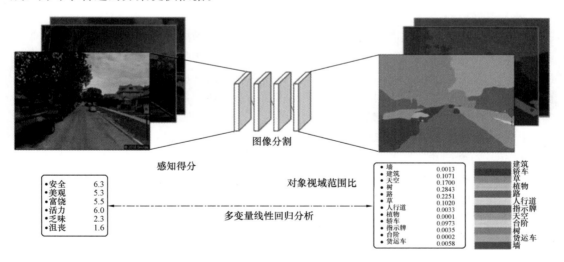

图 1-4　利用机器学习进行街景图像分类
资料来源：赵晶，陈然，郝慧超，等 . 机器学习技术在风景园林中的应用
进展与展望［J］. 北京林业大学学报，2021，43（11）：137-156

除此之外，利用无人机进行数字测绘，利用社交媒体、网络媒体、移动信息等大数据进行景观环境的社会属性调查，以及通过生理监测技术进行人群身心健康研究等也是近年

来景观数字技术发展的一些趋势。总的来说，上述数字技术绝大部分在 21 世纪初被初步引入风景园林领域，随着时间的推移有着不同的发展轨迹。相对来说，GIS 被运用得更加成熟，而 LIM、VR/AR 与人工智能在风景园林领域的应用仍处于起步阶段，未来仍有极大的利用空间，亟待更多的探索。

1.3　景观数字技术的主要应用

景观数字技术的应用使风景园林规划、设计、研究等逐渐走向客观理性，突破了传统以经验为导向的设计思路。景观数字技术可贯穿整个景观项目周期，可应用于数据采集、分析与评价、规划或设计方案生成、方案的虚拟呈现等方面。

1.3.1　风景园林数据采集

风景园林规划设计所需要的数据包含高程、地形地貌、用地类型、景观生态、人群行为等多种类型。传统做方案时，设计师依托测绘得到的 CAD 数据，在设计过程中往往会受到许多限制和约束。数字时代背景下，越来越多的数据给设计师提供了充分的数据资源，用以进行设计前的科学分析。

遥感技术的发展改变了传统调研与资料收集的方式，尤其针对国土空间规划、城乡绿地系统规划等大尺度的规划项目。遥感影像数据具有覆盖面广、解译流程快速高效、不同历史时期数据的可获取性强以及与 GIS 无缝衔接等特点，与传统依托人工进行数据收集工作相比，具有明显的优势。随着技术的发展，遥感数据的分辨率逐步提高，使其应用尺度从区域尺度到街区尺度均可覆盖，可以在绿地调查、植物三维绿量反演、用地类型提取、城市热岛监测等方面进行相关数据的采集。

近年来，无人机的推广带动了数字测绘的发展，使风景园林场地信息能获取到更加精细的数据，并从二维平面向三维立体转变。无人机测绘的优势在于可以获取超高分辨率的图像数据，具有即时性、灵活性，并可将拍摄的图像数据合成三维模型，从而突破二维平面对传统场地分析的约束与限制，更直观地感受场地现状。基于三维模型的构建，可测量竖直方向上的距离或面积，或进行日照、视线、水文等分析，还可实现方案设计推敲过程，以及方案成果的真实展示。通过搭载 LiDAR（激光雷达）测量仪，还可获取更加精确的数据，如更精准的场地地形、林地中的树冠高度、树木密度，甚至单棵树的位置高度等。当前，已有学者将无人机应用于古典园林、传统村落、现代公园等场所，对这些场所进行数字化三维模型构建、三维绿量测算，甚至视觉质量评价。

数字时代的发展也使大数据的数据类型与容量与日俱增。在风景园林领域，主要用的大数据为社交媒体数据，即用户通过社交媒体向公众组织提供的一种开放性地理空间数据。数据大体可以分为以下几类：①对城市公园绿地或特定开放空间进行使用情况分析的微博签到数据、手机信令数据；②对城市绿地及其他地类识别的 POI（Point of Interest，兴趣点）数据；③对某一特定景观评价的点评数据等。利用大数据进行分析，具有数据量大、信息丰富、覆盖面广泛等优势，突破传统基于现场观察、访谈等获取数据的诸多局限。

物联网背景下的数据采集，主要利用各式传感器采集用户的生理监测数据，研究用户在特定景观环境中，与之交互生成的心理或生理变化，从而为景观环境的改造提出相应的建议。利用眼动仪、皮电仪、脑电仪等监测仪器，对人在景观环境中的生理心理感知进行指标量化，主要应用于研究城市绿地、街道景观等空间场所与人群健康之间的关系，从而识别出对人体健康有益的景观空间环境要素或特征，为景观环境的改善提供方向。

1.3.2　风景园林数据分析与评价

基于风景园林相关的数据采集，进行数据分析与评价，是得出科学合理的规划设计方案的重要一环。一般来说，景观分析评价包含场地现状分析、设计推演过程分析、POE（Post Occupancy Evaluation，使用后评价）三大方面。

场地现状分析的目的在于摸清场地的现状特征与问题，往往结合 GIS 及其他软件平台，采用地理分析、空间分析等分析方法，从场地的地形、水文、生态、景观格局、生境、气候、人群活动热度等多种维度展开分析。此外，还可从人的感受需求角度出发，采用传统的数理统计、机器学习等方法，对现状景观环境的偏好、满意度等进行分析。这些分析为提出方案拟解决的问题或达到的设计目标奠定基础。

设计推演过程分析是为了避免传统的经验主义或主观感知，更加客观理性地提出规划或设计方案而执行的一类分析。对于规划层面的分析，代表的分析类型为《设计结合自然》一书中提出的要素叠加分析，该分析方法具有广泛的应用价值，例如城市绿色生态网络构建、绿道或风景区游线选线、生态安全格局构建、用地适宜性分析等，均可采用多要素叠加的方式，筛选出适宜的空间面、网络或路径。进一步地可采取情景分析，通过城市不同扩张情景的模拟，进行绿色空间或网络的规划。对于设计层面的分析，基于 Rhino（犀牛）＋Grasshopper（草蜢）的参数化模拟是代表的分析方法之一，通过模型参数的调节，可得出批量的设计方案，从而进行多方案的比选，筛选出较适宜的设计方案。随着机器学习的发展，也可将其应用于方案生成的过程推演中，通过设置不同的规划目标与指标，以及对优秀成果案例的学习训练，从而得出适宜的方案，同样具有快速、高效、灵活等特征。

POE 用于反馈人们对已建成的景观环境的满意度或情感倾向，从而针对未达到使用群体普遍满意水平的景观环境进行优化调整。调查问卷、访谈是主要的评价数据来源。近年来，随着大数据的发展，网络点评文本大数据被逐步应用到 POE 中，弥补了受调查人员的认知范围以及样本量有限的不足。评价对象绝大部分关注城市公园，也包含绿道、滨河绿地、历史街区、乡村公共空间等空间类型。通过构建评价体系和确定评价指标，采用数理统计分析，对特定场地进行系统性或局部空间的使用打分或等级划分，从而提炼出相应的景观要素，指导空间环境的优化改进。

1.3.3　风景园林规划/设计方案生成与建造

风景园林实践项目依托先进的人工智能技术与参数化技术，可以更加高效地生成科学合理的方案。利用 LIM 技术，可以完成实践项目的全周期流程，包括建造与管理。

风景园林规划方案方面，由于规划的空间尺度较大，LIM 技术的实践项目尚不多见。清华大学的郭涌教授团队，初步将 LIM 应用于乡愁贵州概念性规划、扬州城遗址规划、山东邹城邾国故城遗址、潍坊临朐九山镇规划等规划项目，但主要用于地形建模，其余功能的实现还有待进一步挖掘。

风景园林设计方案方面，可以构建一个以 LIM 技术为中心进行信息发散和信息反馈的工作流，包含基础资料、方案设计、初步设计、施工设计、竣工验收等各个环节。围绕着项目的 LIM 模型进行正向设计，能够完成不同专业背景和不同阶段所需完成的信息成果，并集中汇总在 LIM 模型中，形成一个完整的系统，可以实时反馈各专业、各阶段中存在的协同问题，并进行及时调整，避免相互之间的冲突，形成完整、精确的信息化项目模型，从而更好地对接施工建造平台和信息化管理平台。在具体方案设计上，可实现地形建模、道路与铺装场地建模、建（构）筑物建模、给水排水建模、植物景观建模。

例如在成都独角兽岛启动区景观设计中，设计团队进行 LIM 技术的实践，通过 Rhino（犀牛）＋Grasshopper（草蜢）与 Revit 进行交互使用，构建场地地形模型，在此基础上开展各个阶段和功能区域的设计工作（图 1-5）。场地地形采取的是曲线波浪造型，通过 Revit 的三维可视化及坡度快速核算，可以快速发现问题并解决，突破了传统 CAD 二维工作模式的限制。在细节上，通过模型参数的调整，可实现最理想的水景坡度营造。由此可见，LIM 的发展使数字技术在风景园林领域的应用由单一层面逐步向综合全面的数字化与信息化完善。

建造方面，LIM 技术也涉及施工竣工验收阶段的技术支撑。针对某一局部的施工图，LIM 能够系统完整、快速高效地输出不同方位、角度的可联动的多张施工图，指导施工的进行。即使在设计层面有所更改，也能同步在施工图上，极具便利性。另一方面，随着 3D 打印技术、数控加工等技术的成熟，数字建造为建造复杂的景观空间、景观构筑物提供了可能。在将来的景观管理和维护上，依托 LIM 模型，可以及时快速地反馈问题并予以解决，同时同步到模型中，实现动态调整和完善。

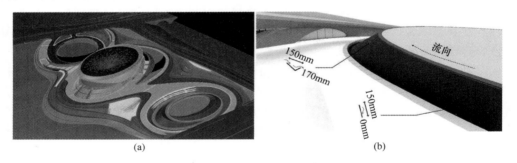

（a）　　　　　　　　　　　　　　　　　　（b）

图 1-5　LIM 在独角兽岛启动区景观设计中的整体与局部模型
（a）场地整体 Rhino 模型；（b）局部跌水面模型
资料来源：潘越丰，佟昕，李靖婷. 成都独角兽岛启动区景观设计 LIM 实践［J］.
中国园林，2020，36（9）：42-46

1.3.4　风景园林方案的虚拟呈现

虚拟技术在风景园林领域的应用，使得景观实践项目可以针对场地现状进行虚拟模型的构建，或是对历史遗迹进行复原，甚至对设计方案效果进行预测呈现，通过这些虚拟场景的构建，有助于人们更加真实地了解场地的现状、过去或未来。VR 与 AR 技术是当前主流的虚拟技术，在具体应用中，可包含空间感知、景观要素的实时编辑、景观评价、多角色互动与信息交流等。

（1）利用 VR/AR 技术，对设计方案进行多维度、动态的空间感知。相比其他建模软件构建出的模型或渲染的效果图，VR/AR 所呈现的虚拟空间更加真实，人们可以更直观地感受设计方案所呈现的预期效果。在感知体验上，可以固定点、多方位、全场景、设置游线等进行感受，甚至通过车行、飞行等不同的运动方式进行体验，这对于设计方案的调整具有极大的帮助。

（2）依托 VR/AR 技术的数字化，可以实现实时编辑景观设计要素，针对景观要素的色彩、大小、位置等进行实时调整。尤其针对园林植物，可以替换种类，模拟植物不同生长时期的变化，由树苗到繁茂的过程，以及一年四季所呈现出的景观效果，对景观设计方案落地之后的未来效果进行预测。

（3）VR/AR 还有助于针对已建成的空间环境，进行景观评价。通过软件模拟研究场地的实景，使评价者无须亲临现场便可看见场地的真实景观，甚至不同季节、不同天气下的景观效果。这与传统通过问卷、访谈等方式进行的评价更加直观和更具有时效性。

（4）VR/AR 实现了设计师、决策者、公众等多个角色的互动，实现了公众参与辅助决策，使设计方案不只是体现设计师的思想，也能融入公众的需求与决策者的思考。

1.4　景观数字技术的意义

1. 景观数字技术是数字中国国家发展战略的重要组成

我国"十四五"规划纲要高度重视数字经济发展，明确提出数字中国战略。迎接数字时代，激活数据要素潜能，加快建设数字经济、数字社会、数字政府，以数字化转型整体驱动生产方式、生活方式和治理方式变革。

景观数字技术对数字中国建设意义重大，是数字中国建设不可或缺的一部分。在风景园林学科涉及的城乡户外空间环境建设、景观风貌管控、文化景观遗产保护等项目，景观数字技术能将风景园林的美学、生态、空间、功能、文脉等维度有机地统筹融合，促进实践项目的高效性与精准性。

2. 景观数字技术是数字时代风景园林学科的发展趋势

信息化时代背景下，风景园林从绿化 1.0 时代、园林 2.0 时代、生态 3.0 时代，步入智慧生态园林 4.0 时代，行业越来越重视运用量化依据与分析。从风景园林规划设计的本质出发，依托各项数字技术，促进风景园林学科的发展进步。数字技术逐渐在风景园林中得到应用与推广，成为当下风景园林领域的热点之一，并且在未来仍有许多发展与上升的空间。

在风景园林教育领域，景观数字技术正如火如荼地展开。德国安哈尔特应用技术大学是国外开设数字景观类课程较具代表性的高校，并以此连续举办了多届国际数字景观大会。欧美的其他高校，例如哈佛大学、英国建筑联盟学院、荷兰贝尔拉格学院等学校也均有开设数字景观相关课程。国内以东南大学为代表，率先开展数字景观教学，并建立起较完善的教学体系、课程平台与教学方法。华中科技大学、同济大学、哈尔滨工业大学、重庆大学等国内众多高校也在数字景观教学上做了探索。

3. 景观数字技术提高了风景园林规划与设计的科学性

风景园林学科具有艺术与科学双重属性，其科学性要求景观规划或设计需要有充分的理由与依据。风景园林学科的一大重要目的在于处理人与自然的关系，使二者达到和谐共生的状态，其中涉及多种复杂的问题。在过去技术尚不发达的年代，这些问题往往凭借长期不断积累的经验来处理，无法深入揭示问题背后内在的影响机制。

数字技术的发展使风景园林规划与设计从定性走向定量，最终以定性与定量相结合的方式进行各项分析与评价，为解决复杂的场地问题提供机遇，提高规划设计方案的合理性、客观性与科学性。因此，近年来不断涌现出景观数字技术相关的研究论文、著作、学术会议交流、专题讨论等成果，奠定了扎实的理论研究基础。这些成果在园林景观设计、地景规划与生态修复、风景园林历史理论、风景园林工程与技术、风景园林植物等多个学科方向均有应用，以便使景观规划、设计具备科学性。

思 考 题

1. 景观数字技术的定义是什么？
2. 简述景观数字技术的主要应用。
3. 景观数字技术的未来发展趋势是怎样的？

第2章

数据采集与基础分析

本章要点 🔍

1. 遥感及遥感数据的定义，并掌握常用遥感数据的获取途径与方式。
2. 地形数据的主要获取途径与应用。
3. 土地覆被、路网、建筑等城市空间要素数据的获取途径与应用。
4. 植被覆盖、生态系统类型等生态环境数据的获取途径与应用。

2.1 遥感数据

2.1.1 遥感概述

遥感是20世纪60年代兴起的一项对地探测技术，它是以地面物体具有反射与发射电磁波的特性为原理进行工作。遥感的定义可理解为在不接触物体的情况下，通过安装在遥感平台上的传感器收集目标物的电磁波信息，经处理分析后，识别目标物，揭示其几何与物理性质、相互关系及其变化规律的科学技术。受到地面物体的种类、自身变化、所处环境等因素的影响，其反射、发射的电磁波信息不同，这为区分不同地物提供了关键信息。上述定义中提到的传感器是指收集目标物电磁波信息的设备，遥感平台用于搭载传感器，例如人造卫星、飞机等。

遥感技术的发展，对林业、农业、生态环境、海洋等多个领域的行业实践产生了深远的影响，也为风景园林、城乡规划等人居环境学科领域进行相关的数据资料获取，开拓了新的方向，极大地提高了工作效率。相较于传统人工调研获取数据的方式，遥感技术具有几大优势：①探测范围大、获取范围广，能够提供大范围瞬时静态影像；②探测速度快、周期短，相比实地测绘几年甚至十几年的时间，能快速搜集场地数据；③受地面条件限制少，对于条件艰难、难以到达的区域也能搜集到相应的数据；④可获取历史数据，有利于通过不同时期的影像数据进行动态变化分析。当然，所获取的遥感数据也有存在缺陷的可能，主要在于受云层遮挡、雪覆盖等的影响，数据信息缺失，直接影响数据的可用性。

2.1.2 遥感数据概述

遥感数据是指传感器对地面物体发射辐射、反射辐射电磁波能量进行探测所获取的地物特征信息。遥感数据可分为影像数据与非影像数据，本书主要探讨影像数据，其探测与获取涉及遥感数据的类型与特征、传感器、遥感平台，为了更好地理解遥感数据，需要掌握以下几个关键概念。

1. 像元

遥感影像以数字方式在计算机中存储、运算、输出，影像数据往往是由有限个具有相同大小的正方形图形，按照不重叠、无缝隙的原则依次序排列组合而成，这些正方形图形则称为像元（图 2-1）。像元边长所对应的实际距离称为像元大小。对于特定区域，像元大小越小，像元数量就越多，因此，数据所包含的信息越丰富，清晰度越高。

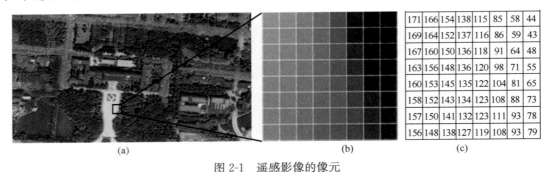

171	166	154	138	115	85	58	44
169	164	152	137	116	86	59	43
167	160	150	136	118	91	64	48
163	156	148	136	120	98	71	55
160	153	145	135	122	104	81	65
158	152	143	134	123	108	88	73
157	150	141	132	123	111	93	78
156	148	138	127	119	108	93	79

(a)　　　　　　　　　(b)　　　　　　　　　(c)

图 2-1　遥感影像的像元

（a）遥感影像图；（b）遥感影像放大之后的像元；（c）像元亮度值

2. 像元的 DN 值

DN 值（Digital Number，像元亮度值）是卫星接收到各个地物的辐射后进行量化的一个数值，用于呈现地物的亮度高低水平。如图 2-1（c）所示，该片区共由 8×8 个像元构成，像元的 DN 值范围为 0~255 的整型数字，数字越小，图像所显示的亮度越低，反之亮度越高。不同影像数据的 DN 值范围受其传感器量化级的影响，需依据实际情况对数据进行分析。

3. 空间分辨率

遥感影像的空间分辨率是指影像像元所对应的实地水平地面区域，即从遥感影像上所能辨别的实地最小空间单元的尺寸或大小。空间分辨率与像元大小有着密切关系，对于同一片区域，空间分辨率越高，则其像元大小越小，影像越清晰（图 2-2）。

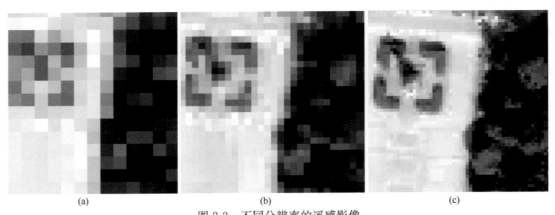

(a)　　　　　　　　　(b)　　　　　　　　　(c)

图 2-2　不同分辨率的遥感影像

（a）低分辨率影像；（b）中分辨率影像；（c）高分辨率影像

4. 全色波段与多光谱波段

由于遥感数据的波段摄取方式不同，所呈现的视觉效果也不同，可分为全色波段与多光谱波段。全色波段是指对地物辐射中单个波段的摄取形成的影像数据，显示为灰色图像，其空间分辨率往往较高。多光谱波段是指对地物辐射中多个单波段的摄取，得到的影像数据中会有多个波段的光谱信息，显示为彩色图像，其空间分辨率往往低于全色波段。对于常见的高分辨率影像数据，全色波段的分辨率往往是多光谱波段的 4 倍。

2.1.3 常用的遥感数据简介

遥感卫星的应用领域广泛，包括陆地资源卫星、气象卫星、海洋卫星等。在风景园林领域，主要使用陆地资源卫星生成的遥感影像数据，用于陆地资源调查、生态环境监测等。对于风景园林规划、设计等不同空间尺度，所需的遥感影像分辨率也有所差异，以下介绍常用的两种遥感数据类型。

1. Landsat 系列

1）数据概况

Landsat 系列是由美国航空航天局发射的卫星，从 1972 年至今一共发射了 9 颗卫星，依次命名为 Landsat-1～Landsat-9，最新一颗卫星 Landsat-9 于 2021 年 9 月 27 日发射。经过 50 多年的发展，该系列卫星所采用的传感器由初期的 MSS（Multispectral Scanner，多光谱扫描仪）传感器、TM（Thematic Mapper，专题制图仪）传感器、ETM＋（Enhanced Thematic Mapper Plus、增强专题成像仪）传感器，发展到双传感器 OLI（Operational Land Imager，陆地成像仪）和 TIRS（Thermal Infrared Sensor，热红外传感器），传感器的性能逐渐优化，体现在所包含的波段数量逐渐增加、个别波段的分辨率提升至最高 15m，不同波段的使用功能也不断丰富（表 2-1）。以 Landsat-9 为例，表 2-2 展示了 Landsat-9 影像的各项参数及其功能用途，以便更直观地了解 Landsat 系列遥感数据。

Landsat 系列卫星遥感数据参数　　　　　　　　　　　　表 2-1

卫星	传感器	发射时间	退役时间	空间分辨率/m	波段数
Landsat-1	MSS	1972.7.23	1978.1.6	80	4
Landsat-2	MSS	1975.1.22	1983.7.27	40、80	4
Landsat-3	MSS	1978.3.5	1983.9.7	40、80	5
Landsat-4	TM	1982.7.16	2001.6.15	30、120	7
Landsat-5	TM	1984.3.1	2013.1.5	30、120	7
Landsat-6	ETM	1993.10.5	发射丢失	15、30、60	—
Landsat-7	ETM＋	1999.4.15	在役	15、30、60	8
Landsat-8	OLI, TIRS	2013.2.11	在役	15、30、100	11
Landsat-9	OLI, TIRS	2021.9.27	在役	15、30、100	11

Landsat-9 卫星遥感数据详细参数　　　　　　　表 2-2

传感器	波段	波长范围/μm	空间分辨率/m	功能
OLI	1-海岸	0.43~0.45	30	海岸带环境监测
	2-蓝	0.45~0.51	30	可见光三波段 合成真彩色，地物识别
	3-绿	0.53~0.59	30	
	4-红	0.64~0.67	30	
	5-近红外	0.85~0.88	30	植被信息提取
	6-短红外 1	1.57~1.65	30	植被旱情监测、强火监测、 部分矿物质信息提取
	7-短红外 2	2.11~2.29	30	
	8-全色	0.50~0.68	15	数据融合，地物识别
	9-卷云	1.36~1.38	30	卷云监测，数据质量评价
TIRS	10-热红外 1	10.60~11.19	100	地表温度反演，火灾监测，土壤 湿度评价，夜间成像等
	11-热红外 2	11.50~12.51	100	

2）数据详情

以 Landsat-8 为例，详细介绍其数据的具体情况。图 2-3（a）展示的是 2020 年 4 月某城市片区的 Landsat-8 影像数据文件构成，一共包含 14 个文件，依次为 ANG 文本文档，记录着投影信息；11 个 B1～B11 的 TIF 文件，为该影像数据的 11 个波段；BQA 的

LC08_L1TP_123039_20200429_20200509_01_T1_ANG	2020/5/9 15:43	文本文档	115 KB
LC08_L1TP_123039_20200429_20200509_01_T1_B1	2020/5/9 15:45	TIF 文件	113,041 KB
LC08_L1TP_123039_20200429_20200509_01_T1_B2	2020/5/9 15:45	TIF 文件	113,041 KB
LC08_L1TP_123039_20200429_20200509_01_T1_B3	2020/5/9 15:45	TIF 文件	113,041 KB
LC08_L1TP_123039_20200429_20200509_01_T1_B4	2020/5/9 15:45	TIF 文件	113,041 KB
LC08_L1TP_123039_20200429_20200509_01_T1_B5	2020/5/9 15:45	TIF 文件	113,041 KB
LC08_L1TP_123039_20200429_20200509_01_T1_B6	2020/5/9 15:45	TIF 文件	113,041 KB
LC08_L1TP_123039_20200429_20200509_01_T1_B7	2020/5/9 15:45	TIF 文件	113,041 KB
LC08_L1TP_123039_20200429_20200509_01_T1_B8	2020/5/9 15:45	TIF 文件	451,980 KB
LC08_L1TP_123039_20200429_20200509_01_T1_B9	2020/5/9 15:45	TIF 文件	113,041 KB
LC08_L1TP_123039_20200429_20200509_01_T1_B10	2020/5/9 15:45	TIF 文件	113,041 KB
LC08_L1TP_123039_20200429_20200509_01_T1_B11	2020/5/9 15:45	TIF 文件	113,041 KB
LC08_L1TP_123039_20200429_20200509_01_T1_BQA	2020/5/9 15:45	TIF 文件	113,041 KB
LC08_L1TP_123039_20200429_20200509_01_T1_MTL	2020/5/9 15:45	文本文档	9 KB

(a)

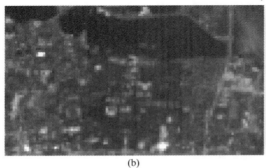

(b)　　　　　　　　　　　　　　　　　(c)

图 2-3　Landsat-8 数据

（a）Landsat-8 数据构成；（b）30m 分辨率的多光谱数据 B1；（c）15m 分辨率的全色数据 B8

TIF 文件，记录着影像质量信息；MTL 文本文档，为影像元数据。图 2-3（b）、图 2-3（c）分别呈现了多光谱波段与全色波段成像之后的分辨率差异。

3）数据应用

由于 Landsat 系列遥感影像属于中低分辨率数据，在风景园林领域，该系列遥感影像主要应用于大尺度的数据分析，例如城市绿地提取、土地利用类型识别、生态环境监测、热岛监测等。还可通过不同时期的影像数据，进行时间上的动态研究，发掘事物变化的规律特征。

① 城市绿地提取方面，主要利用红波段与近红外波段，通过计算 NDVI（Normalized Difference Vegetation Index，归一化植被指数）作为植被与其他地物区分的重要指标，从而识别出绿化覆盖区。

② 土地利用类型识别方面，通过监督分类、非监督分类等分类方法，识别出林地、耕地、草地、水域、建设用地等各类用地类型。尤其可应用于时间跨度上，分析不同时期各类用地的增减变化与空间，例如进行绿色空间的时空变化特征分析、城市建设用地扩张分析等。

③ 生态环境监测方面，可以监测森林覆盖状况变化、草地覆盖状况变化、湿地资源状况变化等不同生态资源的变化情况。

④ 热岛监测方面，利用热红外波段可以反演出地表温度，进一步可以计算出各项热岛指标，从而应用于城市绿地、水体等要素与热岛效应之间的关联研究。

2. 高分系列

1）数据概况

高分系列是由国家国防科技工业局牵头，组织实施建设的一系列高分辨率对地观测卫星，肩负着我国民用高分辨率遥感数据实现国产化的使命，实现了中国自主研发、发射卫星的突破性发展。首颗卫星高分一号于 2013 年 4 月 26 日成功发射，实现了 2m 级空间分辨率的影像数据获取。至今为止，高分系列卫星一共发射了 14 颗，每颗卫星都有着各自的特色与用途，已经覆盖从全色、多光谱到高光谱，从光学到雷达等多种类型，构成了一个具有高空间分辨率、高时间分辨率和高光谱分辨率能力的对地观测系统。其中，高分一号至七号是最常用的卫星，其详细信息如表 2-3 所示。

国产高分系列卫星遥感数据参数　　　　　　　　　　　　　　表 2-3

卫星	发射时间	空间分辨率/m	波段数	功能
高分一号	2013.4.26	2m 全色/8m 多光谱	9	自然资源部、生态环境部、农业农村部等进行地物监测
高分二号	2014.8.19	0.8m 全色/3.2m 多光谱	4	自然资源部、住房和城乡建设部、交通运输部、林业和草原局等进行地物监测
高分三号	2016.8.10	最高达到 1m	C 波段	海洋监测、防灾减灾、水利、气象等多个领域
高分四号	2015.12.29	全色 50m	7	灾害风险预警预报、林火灾害监测、地震构造信息提取、气象天气监测等

续表

卫星	发射时间	空间分辨率/m	波段数	功能
高分五号	2018.5.9	多光谱20m/中红外30m	20	对大气气溶胶、二氧化硫、二氧化氮、二氧化碳、甲烷、核电厂温排水、陆地植被、秸秆焚烧、城市热岛等多个环境要素进行监测
高分六号	2018.6.2	全色2m/多光谱8m	7	农业、林业和减灾业务
高分七号	2019.11.3	0.8m全色/3.2m多光谱	4	立体测绘，为基础测绘、国土资源调查、住房与城市建设、生态环境、农业农村等提供三维地理空间信息

　　高分系列的高空间分辨率影像数据往往由全色波段与多光谱波段构成，将拥有更高分辨率的全色波段黑白影像与拥有较低分辨率的彩色多光谱波段进行融合，得到高分辨率的彩色影像，在风景园林实践项目中进行应用。

　　2）数据详情

　　以高分二号为例，详细介绍数据情况。图2-4（a）显示的是2016年某城市局部片区的高分二号遥感影像数据构成，一共包含16个文件，包括8个多光谱波段数据（-MSS2结尾）与8个全色波段数据（-PAN2结尾）。其中，RPB文件是具有详细RPC（Rational Polynomial Coefficient，有理多项式系数）的模型参数，用于影像的几何校正、正射校

GF2_PMS2_E114.3_N30.6_20160901_L1A0001799015-MSS2	2016/9/1 16:52	JPG 文件	702 KB
GF2_PMS2_E114.3_N30.6_20160901_L1A0001799015-MSS2.rpb	2016/9/1 16:51	RPB 文件	3 KB
GF2_PMS2_E114.3_N30.6_20160901_L1A0001799015-MSS2	2016/9/1 16:52	TIFF 文件	394,081 KB
GF2_PMS2_E114.3_N30.6_20160901_L1A0001799015-MSS2.tiff.enp	2017/9/24 14:01	ENP 文件	131,191 KB
GF2_PMS2_E114.3_N30.6_20160901_L1A0001799015-MSS2	2016/9/1 17:07	XML 文档	3 KB
GF2_PMS2_E114.3_N30.6_20160901_L1A0001799015-MSS2_thumb	2016/9/1 16:52	JPG 文件	29 KB
GF2_PMS2_E114.3_N30.6_20160901_L1A0001799015-PAN2	2016/9/1 17:03	JPG 文件	2,725 KB
GF2_PMS2_E114.3_N30.6_20160901_L1A0001799015-PAN2.rpb	2016/9/1 16:54	RPB 文件	3 KB
GF2_PMS2_E114.3_N30.6_20160901_L1A0001799015-PAN2	2016/9/1 17:03	TIFF 文件	1,575,635...
GF2_PMS2_E114.3_N30.6_20160901_L1A0001799015-PAN2.tiff.enp	2017/7/27 15:45	ENP 文件	525,032 KB
GF2_PMS2_E114.3_N30.6_20160901_L1A0001799015-PAN2	2016/9/1 17:07	XML 文档	3 KB
GF2_PMS2_E114.3_N30.6_20160901_L1A0001799015-PAN2_thumb	2016/9/1 17:03	JPG 文件	28 KB

(a)

(b)

(c)

图2-4　高分二号数据

（a）高分二号影像数据构成；（b）3.2m分辨率的多光谱波段数据；（c）0.8m分辨率的全色波段数据

正；TIF 文件是数据图像文件；ENP 文件是影像数据的金字塔文件，即原始数据的缩减采样版；XML 文档记录着详细的卫星信息，包括云量、成像时间、传感器类型、景列号、数据等级等。图 2-4（b）与图 2-4（c）清晰地呈现了多光谱波段与全色波段成像之后的分辨率差异。

3）数据应用

在风景园林领域，分辨率较高的高分一号、二号遥感影像是常用的两类数据，可用于城市中心区、街区、建筑等尺度的绿地提取，甚至是不同绿色植被类型（针叶林、阔叶林、竹林等）的识别、三维绿量的测算、三维景观的构建等。

由于高分辨率遥感影像数据所涵盖的信息更多、更复杂，所以传统的分类识别方法往往不适用。为了提高影像分类识别的准确度，语义分割网络、机器学习等方法被应用到高分辨率遥感数据的处理分析工作中。

2.1.4　遥感数据获取

遥感影像数据主要通过不同的数据集成平台来获取，一般来说，中低分辨率的数据都可免费获得，高分辨率数据则是有偿使用。常用的数据获取途径包含以下几种。

1. 地理空间数据云

地理空间数据云是我国推出的数据平台，是面向国内外众多的遥感影像数据资源而搭建的一个开放平台，包含 Landsat 系列、MODIS 系列、高分系列、资源系列，也包含数字高程模型（Digital Elevation Model，DEM）数据、大气污染插值数据等其他类型数据。可供免费下载的数据有 Landsat 系列数据、DEM 数据、MODIS 系列数据等。数据更新较为稳定，时效性较强。

2. USGS Earth Explorer

USGS Earth Explorer 是美国地质勘探局（United States Geological Survey，USGS）的数据服务门户网站，提供最新、最全面的全球卫星遥感影像（包含 Landsat 系列、MODIS 卫星影像等）、DEM 数据和其他地质资源研究数据。数据质量较高，时效性强。

3. 陆地观测卫星数据服务平台

陆地观测卫星数据服务平台主要服务于我国生产研发的卫星遥感数据，提供各类对地观测数据产品和技术服务。可提供高分系列、资源系列、中巴地球资源系列、环境减灾系列的卫星数据服务。

4. 中国遥感数据网

中国遥感数据网是国内存档周期最长的数据网站，对 Landsat 系列数据免费共享，也可订购国外商业卫星数据，包括 SPOT 系列等。

2.2　地理信息系统及数据介绍

2.2.1　地理信息系统概述

1. 地理信息系统的概念

地理信息系统（GIS，Geographic Information System）是一种特定的十分重要的空间信息系统。它是在计算机硬、软件系统支持下，对整个或部分地球表层（包括大气层）空间中的有关地理分布数据进行采集、储存、管理、运算、分析、显示和描述的技术系统。

地理信息是表示地理空间上的各种特征和变化的数字、文字、图像、图形等信息的总称。地理是空间概念，因此，地理信息包括空间信息和与空间相关的属性信息。GIS 是20 世纪 60 年代以后，随着计算机和系统工程的发展而出现的空间数据库管理系统。它能够采集、存储、管理地球表面与空间地理分布有关的数据，同时，在电脑软、硬件环境的强大支持下，对数据进行定量、定性分析与地理模拟处理，建立空间模型，进行数据管理、空间查询与分析，并将结果通过地图、影像等可视化手段输出。GIS 通过叠加、邻近、网络分析认识和评价客体空间景观状态和景观作用过程的规律，预测景观的发展变化和影响，进行数字模拟和展示虚拟景观。

2. GIS 的发展

20 世纪 60 年代，地理信息系统的早期尝试首先在北美开展起来。60 年代初期，IBM公司（International Business Machines Corporation）开发的大型计算机进入市场，应用于数据、业务的管理和数学、物理学等方面的计算。一些研究机构和大学开始在地理数据统计和模型空间分析上使用计算机。军事机关和国土测量机关等也使用计算机对航空图片等进行处理，使地图的制作自动化。如加拿大测量地图局开发了制作 1∶50000 比例系列地图的自动化程序。不久，霍华德·费舍尔（Howard Fisher）在哈佛大学成立了电脑成像研究所，开发了专门用于地图制作的软件包（SYMAP）。该软件包采用了当时比较容易使用的标准，受到了广泛欢迎，很多北美、欧洲和日本的政府与民间机构、大学等相继使用。SYMAP 因此成为最早被广泛使用的处理地理信息的电脑软件包。

几乎同时，加拿大政府委托罗杰·汤姆林森（Roger Tomlinson）领导加拿大农业振兴开发局（ARDA）的开发工作。在这之前，汤姆林森在进行森林调查时，已经认识到对地图的分析完全依赖手工操作成本太高，因此他极力主张使用计算机，并且得到了 IBM公司的技术支持。在加拿大农业振兴开发局的开发中，包括了扫描输入、图像输出打印、地图数字化、数据索引化等 GIS 的主要要素。1968 年，国际地理学联合会（IGU）成立了地理数据观测和处理委员会，汤姆林森任委员长。该委员会在 20 世纪 70 年代初期主持了一系列重要的国际会议，推广了 GIS 的概念，并且参与了美国地质勘探所（USGS）的空间数字数据处理的分析评价工作。汤姆林森也因此被称为"GIS 之父"。

20 世纪 70 年代以后，由于计算机技术的发展，许多发达国家对 GIS 展开了大规模的应用研究并先后建立了不同类型规模的地理信息系统。法国建立了深部地球物理信息系统和地理数据库系统（GITAN）；美国地质勘探局（USGS）建立了用于土地资源数据处理和分析的地理信息系统（GIRAS）；瑞典建立了地理信息系统，分别应用于国家、区域和城市三个级别以及各级别的多个领域；日本国土地理院（GSI）建立了数字国土信息系统，主要应用于国家和地区土地规划。20 世纪 80 年代以后，随着个人电脑的普及，GIS技术在多个方面取得突破，涌现出了大量的地理信息系统相关软件，如 Arc/Info、Map-Info、TNTmips、Genamap、MGE、Cicad、System9 等。20 世纪 90 年代，地理信息产业和数字化信息产品在全球范围内得到普及，并开始全面应用于多种学科领域，地理信息系统逐渐成为必备的工作系统。

国家空间数据基础设施是"数字中国"的基础，也是现阶段我国信息化发展的主要内容。当前国家空间数据基础设施的建设主要包括以下四个部分：

（1）多维动态的地理空间框架数据建设。

地理空间框架数据包括数字正射影像、数字高程模型、交通、水系、行政境界、公共地籍等空间基础数据等。迄今为止生产和应用的空间数据基本是 2 维（包括 2.5 维）的，这类数据难以真正表达实体空间状态和时序变化关系。多维动态的空间数据建设是未来数据整治的主体。

（2）整合时空参考框架体系。

景观要素与现象的分布和位置与平面基准、高程基准和重力基准相关。由于基准点和控制网的变化，我国历史上不同地区使用了多种地理坐标和高程系统（如北京 54 坐标系、西安 80 坐标系，黄海 56 高程系和 85 高程系等）。多种坐标系的共存不利于数据的交换和广泛应用。因此，当前建立了国家 2000 坐标系进行数据统一。

（3）建立空间数据分发的体系。

当前我国普通用户获取空间数据的能力普遍不足。应当大力加强数据分发的机构体系，提高数据运营商的服务水平。数据分发必须建立在高性能的能够进行大容量数据交换传输的网络系统基础上，同时满足 4 个功能：引导功能（利用元数据指引用户寻找需要的数据）；浏览功能（满足普通用户对地理信息进行网络浏览的基本需要）；下载功能（在一定权限下下载，同时提供技术支持）；互动功能（用户与数据服务商的相互交流平台）。

（4）空间数据交换标准以及空间数据交换网站。

空间数据不仅需要全社会共享，由于关系到国土安全的问题，需要制定切实可行兼顾保密的数据交换标准。在空间数据基础设施建设中，当前我国正在致力于建立数据交易合同制度、用户反馈机制、应用追踪机制以及数据交换的协议和安全标准等。

毫无疑问，作为全球最基本的数据库管理系统，GIS 是"数字中国"建设的最重要载体。我国在 20 世纪 70 年代末逐步开始 GIS 的理论探索、规范标准建设、软件开发、人才培养，以及区域性、专题性试验等。从 20 世纪 90 年代开始，我国 GIS 进入高速发展时期，90 年代后半期，我国加大了 GIS 研究力度，成功培植了多个可以与国外产品相媲美的国产化 GIS 集成产品，并建立了相应的从政府到民间的数据采集、数据库、数据分发和标准安全体系，GIS 开始广泛应用于各行各业的数据管理、监测与分析中。

2.2.2　空间数据的类型

GIS 空间数据包括栅格（Raster）和矢量（Vector）两种数据结构。在矢量模型中，用点、线、面表达空间实体。在栅格模型中，用空间单元（Cell）或像元（Pixel）来表达实体。对同样的一组数据，按照不同的数据类型处理，就会得到完全不同的结果。只有充分理解地理信息系统中运用的空间数据结构，才能正确使用地理信息系统和处理空间信息。

1. 栅格数据

1）定义与特点

栅格数据结构是最简单、最直接的空间数据结构，其结构实际是像元阵列，每个像元由行列确定它在实际空间中的位置，每个像元都具有属性值，用像元的属性值表示空间对象的属性或属性编码。每个像元的位置由行列号确定，通过单元格中的值表示这一位置地物或现象的非几何属性特征（如高程、温度等）。栅格像元形状除了最基本的正方形之外，还可以是等边三角形或六边形等。

栅格数据可以是卫星遥感影像、数字高程模型、数字正射影像或扫描的地图等，它可以是离散数据，如土地利用类型等；也可以表示连续数据，如高程、水量和温度等。

栅格数据结构的优点在于：结构简单，易于数据交换，易于叠置分析和地理现象模拟，便于图像处理和进行遥感数据分析，成本较为低廉，便于获取，输出快速。缺点主要是结构不紧凑，图形数据占用空间大，投影转换较繁琐。

2）栅格数据的建立

栅格数据的主要获取途径包含人工获取、扫描获取、矢量转换等。人工获取主要在专题图上划分均匀网格，逐个决定其网格代码。扫描仪扫描专题图的图像数据（行、列、颜色或灰度值），定义颜色与属性对应表，用相应属性代替相应颜色，再进行栅格编码、存储，即得到该专题图的栅格数据。其中，遥感影像数据可视为一类特殊的数据形式，是对地面景象的辐射和反射能量进行扫描，并按不同的光谱段量化后，以数字形式记录下来的像素值序列。矢量转换则是由矢量数据通过转换分析得到。

3）栅格数据的获取路径

通常可以从各级政府、企业数据分发机构以及各类数据资源平台获得栅格数据。遥感影像栅格数据可以从各个卫星公司购买获得，也可以从一些数据资源平台上下载获得免费遥感栅格数据结构。

2. 矢量数据

1）定义与特点

矢量数据结构是通过记录坐标的方式尽可能精确地表示点、线、面等地理实体，它通过记录空间对象的坐标及空间关系来表达空间对象的位置。

矢量数据结构的特点是定位明显、属性隐含，其定位是根据坐标直接存储的，而属性则一般存于属性表或数据结构中某些特定的位置上。这种特点使矢量数据图形运算的算法总体上比栅格数据结构复杂得多，在计算长度、面积、形状和图形编辑、几何变换操作中，矢量结构有很高的效率和精度，输出图形质量好、精度高，而在叠加运算、邻域搜索等操作中则比较繁琐与困难。

2）矢量数据的获取

矢量数据可由测量获得，利用测量仪器自动记录测量成果，然后输入地理信息数据库中。其次，矢量数据可由栅格数据转换获得，利用栅格数据矢量转换技术，把栅格数据转换为矢量数据。这类方法一般需获取栅格数据的边界范围。再者，矢量数据可通过扫描与跟踪进行矢量化，将地图等纸本数据扫描，进而跟踪矢量化，转换成离散的矢量数据。

2.2.3　坐标系和投影

1. 坐标系简介

坐标系统是一个二维或三维的参考系，用于定位坐标点，通过坐标系统可以确定要素在地球上的位置。在 ArcGIS 中一般比较常用的坐标系有两种：地理坐标系 GCS（Geographical Coordinate System）和投影坐标系 PCS（Projection Coordinate System），分别用来表示三维的球面坐标和二维的平面坐标（图 2-5）。

图 2-5　坐标系分类

地理坐标系统是用一个尽可能与地球形状基本吻合的、以数学公式表达的表面作为地球的形状，即椭球体。椭球体与地球表面定位后（即大地基准），就可以划分经线和纬线，形成以经纬度为单位的大地坐标系。

投影坐标系是平面坐标系，需要将大地坐标系统由曲面转换为平面，并将坐标值单位由度转换为米等长度单位，这样的转换称为地图投影。投影后平面的、以米为单位的坐标系统称为投影坐标系统。

2. 地图投影

地图投影就是指建立地球表面上的点与投影平面上的点之间的对应关系。地图投影的基本原理就是利用一定的数学法则把地球表面上的经纬线网表示到平面上。凡是地理信息系统就必然要考虑到地图投影，地图投影的使用保证了空间信息在地域上的联系和完整性，在各类地理信息系统的建立过程中，选择适当的地图投影系统是首先要考虑的问题。

墨卡托投影于 1569 年由墨卡托（G. Mercator）创立，常用作航海图和航空图。在墨卡托投影的基础上，演变出了横轴墨卡托投影（TM）。TM 投影逐步发展，一个方向发展成通用墨卡尔投影（UTM），另一个方向发展成高斯—克吕格投影（Gauss-Kruger Projection）。英、美、日、加拿大等国地形图常用 UTM 投影，我国地形图一般采用高斯—克吕格投影，下文将着重介绍高斯—克吕格投影。

高斯—克吕格投影是一种等角横切椭圆柱投影。假想用一个椭圆柱横切于地球椭球体的某一经线上，这条与圆柱面相切的经线，称为中央经线。以中央经线为投影的对称轴，将东西各 $3°$ 或 $1°30'$ 的两条子午线所夹经差 $6°$ 或 $3°$ 的带状地区按数学法则、投影法则投影到圆柱面上，再展开成平面（图 2-6），即高斯—克吕格投影，简称高斯投影。这个狭长

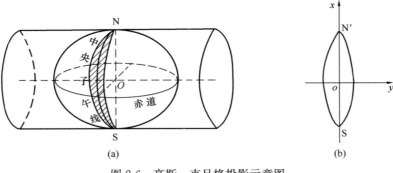

图 2-6　高斯—克吕格投影示意图
（a）投影过程；（b）一个分带的展开图

的带状的经纬线网叫作高斯—克吕格投影带。图 2-7 展示了不同经度的高斯—克吕格投影分带，为不同区域的分析提供了投影参数的设置参考。

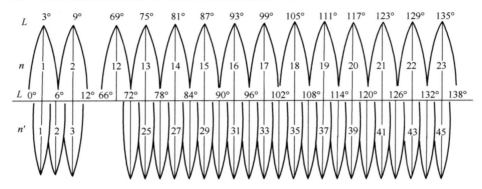

图 2-7　不同经度的高斯—克吕格投影分带

高斯—克吕格投影具有以下特点：

① 中央子午线是直线，其长度不变形，其他子午线是凹向中央子午线的弧线，并以中央子午线为对称轴；

② 赤道线是直线，但有长度变形，其他纬线为凸向赤道的弧线，并以赤道为对称轴；

③ 经线和纬线投影后仍然保持正交；

④ 离开中央子午线越远，变形越大。

高斯-克吕格投影采用分带投影的方法，可使投影边缘的形变不至于过大。由于 3°带的形变小于 6°带，因此我国各种大、中比例尺地形图采用不同的高斯—克吕格投影带，其中，比例尺大于 1∶10000 的地形图采用 3°带，1∶25000 至 1∶500000 的地形图采用 6°带。

2.2.4　文件库建立与管理

本书采用 ArcGIS 进行实验操作，它是 Esri 旗下的 GIS 软件，是国内教学、科研使用最普遍的软件之一，本书使用的版本为 ArcGIS 10.7。

1. 构建文件库

构建文件库是进行数据管理的重要手段，主要用于存储空间数据，包括矢量数据与栅格数据。文件库是一个有层级的体系，为了方便管理，通常以【文件夹/数据库/要素数据集/要素类】或【文件夹/数据库/要素类、栅格数据】的体系进行构建。

数据库主要采用 Geodatabase 地理数据库（数据库格式后缀为 .gdb）进行数据管理，这是一种按照一定的模型和规则组合起来，用于存储空间数据和属性数据的"容器"。要素数据集中仅能存放要素类，即矢量数据，并且需要设置坐标系，同一个要素数据集中的要素类的坐标系须一致。要素类中，任何一个图形都仅代表某一具体的地理对象。因此整个数据库构建的过程就是搭建对象模型框架的过程，而这个模型框架与现实世界相对应。

在 ArcGIS 中，具体的数据库及要素的构建过程可依据下述步骤实现。本次以武汉市部分公园绿地面要素矢量数据为例，展示具体的构建过程。

（1）**步骤 1**：新建文件地理数据库。

① 选择合适的位置创建一个新的文件夹并命名（例如【公园绿地】），用于存放文件地理数据库。

② 打开 ArcMap，在【目录】面板中，右键点击【文件夹连接】，在弹出的菜单中选择【连接到文件夹（C）…】，找到上述【公园绿地】文件夹并建立连接。

③ 右键点击【公园绿地】文件夹，在弹出的菜单中依次点击【新建（N）】【文件地理数据库（O）】，并修改数据库名称（例如【公园绿地数据库】）。

（2）**步骤 2**：新建要素数据集。

① 右键点击【公园绿地数据库】，在弹出的菜单中依次点击【新建（N）】【要素数据集（D）…】，随后显示【新建要素数据集】对话框。

② 设置【名称】为【公园绿地】，点击【下一页（N）>】。

③ 设置坐标系，依次点击【投影坐标系】【Gauss Kruger】【CGCS2000】【CGCS2000 3 Degree GK CM 114E】，点击【下一页（N）>】①。

④ 设置垂直坐标系，可略过，点击【下一页（N）>】。

⑤ 设置容差，可按照默认设置，点击【完成（F）】完成要素数据集的构建。

（3）**步骤 3**：新建要素类。

① 右键点击【公园绿地】要素数据集，在弹出的菜单中依次点击【新建（N）】【要素类（C）…】，弹出【新建要素类】对话框。

② 设置【名称（E）】为【GS】，【别名（L）】为【公园绿地】②。在【此要素类中所存储的要素类型（S）】中选择【面要素】，意味着【公园绿地】要素只能绘制出多边形或其他形式的几何图形，无法绘制点或线，点击【下一页（N）>】。

③ 指定数据库存储配置，此项保持默认设置，点击【下一页（N）>】。

④ 设置属性表字段，窗口中自带 2 个字段，分别为【OBJECTID】【SHAPE】，可点击【字段名】下方的空白单元格，输入相应的名称，例如【Name】，并设置【数据类型】为"文本"型，在下方的【字段属性】中，设置【别名】为【绿地名称】。文本型字段的默认字段长度为 50，意味着该字段可输入的最长字符为 50 个，可依据实际情况对此进行修改。该字段的添加意味着【公园绿地】面要素数据增加了【绿地名称】字段，可进一步添加其他类型的字段，例如双精度型的"绿地面积"字段等③。

⑤ 点击【完成（F）】完成【公园绿地】面要素的构建，此时，在【公园绿地】要素数据集中，出现了【GS】名称的数据。

步骤 3 显示了如何构建一个面要素，类似地，可构建点要素、线要素等，仅需在设置【此要素类中所存储的要素类型（S）】时，选择相应的类型，故不再重复。

2. 导入数据

ArcGIS 中，除了按照上述步骤新建要素类的方式将数据存储在地理数据库中，还可

---

① 投影坐标系 CGCS2000 代表 2000 国家大地坐标系，是全国统一的大地坐标系统。114E 代表东经 114 度，依据武汉市的中央经线来确定。

② 为了方便记录，名称可用英文简写，例如 Green Space 简称 GS，简洁清晰；别名可对此进行备注，方便理解。

③ 属性表字段可在要素构建过程中设置，也可在构建完成之后，在属性表中设置。

从其他数据源导入要素矢量数据或栅格数据，包括 Shapefile[①]、CAD 等。这些数据的导入方式包含导入单个要素类、导入多个要素类。

（1）方式一：导入单个要素类至要素数据集/文件地理数据库。

① 在【目录】面板中，右键点击目标要素数据集，在弹出的菜单中依次点击【导入（T）】【要素类（单个）（C）…】，弹出【要素类至要素类】对话框。

② 设置【输入要素】。当目标要素类数据已添加至数据视图时，仅需点击下拉框即可选择；若目标要素类数据未添加至数据视图，可点击该栏右侧的文件夹图标，找到并选择目标要素数据。

③ 设置【输出要素类】仅需输入导入后的要素类名称。

④ 在【字段映射（可选）】中，可对字段进行增加、删减、调整顺序。右键点击某一个字段，弹出【输出字段属性】窗口，可对其名称、别名、字段类型进行更改，也可将其按照某一规则进行合并，例如取最大值、最小值、平均值等。

⑤ 点击【确定】开始导入。

⑥ 导入文件地理数据库的方式与上述类似，差别在于选择一个文件地理数据库右键点击【导入（T）】【要素类（单个）（C）…】。

（2）方式二：导入多个要素类至要素数据集/文件地理数据库。

① 在【目录】面板中，右键点击目标要素数据集，在弹出的菜单中依次点击【导入（T）】【要素类（多个）（F）…】，弹出【要素类至地理数据库（批量）】对话框。

② 设置【输入要素】。该方法与方式一类似，可选择多个要素输入。

③ 设置【输出地理数据库】。点击该栏右侧文件夹图标，选择存储的要素数据集或文件地理数据库即可。

④ 点击【确定】开始导入。

（3）方式三：调整目录结构。

在【目录】面板中，鼠标左键选中目标要素类，按住左键不放，将该要素类拖至目标要素数据集或数据库，随后松开鼠标，即可调整要素类的位置。也可以通过右键点击目标要素类，选择【复制/粘贴】命令或【导入】要素类来调整数据结构[②]。

3. 导出数据

在 ArcGIS 中，点击菜单栏中的保存按钮，可以保存为 .mxd 格式的地图文档。然而，该方式仅保存的是数据的表现方式，数据本身并不会一同保存。因此，需要采用导出数据的方式，将数据统一导出至要素数据集或地理数据库中[③]。导出时的数据格式包含 Shapefile 数据格式、CAD 数据格式。

Shapefile 数据格式是一种相对较老的矢量数据格式，该类型数据由多个文件组成，包含存储空间数据的 .shp 文件、存储属性数据的 .dbf 表、存储空间数据与属性表关系的 .shx文件、存储地理坐标信息的 .prj 文件等。Shapefile 数据缺点较为明显，不能存放

---

① Shapefile 是 Esri 公司开发的一种空间数据开放格式，是一种比较原始的矢量数据存储方式。

② 需要注意的是调整的两个要素数据集坐标系一致，且目标要素数据集/文件地理数据库不存在与目标要素类同名的要素类，否则会提示报错。

③ 在使用系统工具箱的工具时，一般会设置导出，此时数据已被保存。

拓扑结构，也不能存放弧形或圆形这类几何图形，只允许 9 个英文字符或 3 个汉字，但优点也很突出，便于复制、交换、共享，因此仍是常用的数据格式之一。与 CAD 数据相比，Shapefile 数据只能存放一种几何类型（点、线、面等）。

（1）方式一：导出为 Shapefile 数据。

① 在【内容列表】面板中，右键点击目标要素类，在弹出的菜单中依次点击【数据（D）】【导出数据（E）…】，显示【导出数据】对话框。

② 点击【输出要素类】一栏右侧的文件夹图标，弹出【保存数据】对话框。在该对话框中，保存类型"文件和个人地理数据库要素类""Shapefile"是两类常用的存储类型。若选择前者，则需要保存于要素数据集或地理数据库中；若选择后者，则需要保存于文件夹中。

③ 点击【保存】关闭【保存数据】对话框，点击【确定】即可导出数据。

（2）方式二：导出为 CAD 数据。

① 在【内容列表】面板中，右键点击目标要素类，在弹出的菜单中依次点击【数据（D）】【导出 CAD（C）】，显示【导出为 CAD】对话框。

② 设置【输入要素】目标要素类，【输出类型】可选择不同版本的 dwg 格式，点击【输出文件】一栏右侧的文件夹图标，选择存储路径，点击【确定】即可导出为 CAD 数据。

4. 数据分享

数据分享是指将纳入分析的各项栅格数据、矢量数据用特定格式或进行打包，从而提供一种可分享给他人使用的数据格式。数据打包方式主要包含地图打包、图层打包、图层导入导出等，可提供不同的数据格式。其中，图层导入导出的方式仅提供数据的符号化和标注等信息，需要接收者拥有数据源，且分享图层单一。因此，一般采用地图打包或图层打包的分享方式。除此之外，直接将存储 Shapefile 数据的文件夹或地理数据库文件夹进行压缩，也可进行数据分享。

该部分以一个点要素数据与一个卫星影像栅格数据为例进行演示。

（1）方式一：以图层导入导出方式进行分享。

图层导入导出的方式进行分享用于存在数据源且数据源不变的情况，通过导出某一图层，不导出数据的方式，给他人提供这些数据的符号化和标注等可视化信息。

① 将点要素与栅格数据均添加进 ArcMap 数据视图中。

② 在【内容列表】面板中，右键点击点要素类或栅格数据，在弹出的菜单中点击【另存为图层文件（Y）…】，弹出【保存图层】对话框。

③ 设置保存路径、名称、保存类型（不同版本的 .lyr 格式）即可，点击【保存】即可导出为 .lyr 格式的图层文件。

（2）方式二：以图层打包方式进行分享。

图层打包是将部分图层数据一同打包分享给他人，他人对分享的文件进行解包使用，其过程类似于将多个文件放置在一个文件夹中进行压缩分享。需要注意的是，在打包前，需要对各个数据的图层属性进行描述。

① 在【内容列表】面板中，双击目标点要素，弹出【图层属性】窗口。切换至【常规】选项卡，在【描述（D）】一栏中输入描述语句（例如，图层打包），点击【确定】关闭该窗口。

② 以同样的方式对栅格数据进行描述。

③ 在【目录】面板中，浏览到【工具箱/系统工具箱/Data Management Tools.tbx/打包/打包图层】，双击打开【打包图层】工具。

④ 设置【输入图层】为需要打包的点要素、栅格数据，【输出文件】选择存储路径并命名，输出的文件为.lpk格式。

⑤ 在【包版本】中可选择打包结果的版本，为了保证数据能正常使用，一般选择10.2或更低版本。

⑥ 点击【确定】开始图层打包，并生成打包文件。

⑦ 在【目录】面板中的【文件夹连接】下，找到生成的打包文件，右键点击该文件，在弹出的菜单中点击【解包（U）】，即可实现解压，点要素、栅格数据亦自动添加进数据视图中。双击任一解压数据图层，在打开的【图层属性】窗口中的【源】选项卡，可查看数据的存储路径，一般位于【目录】面板中的【默认工作目录/Packages】中。

（3）方式三：以地图打包方式进行分享。

地图打包是将.mxd格式的地图文档和数据一起打包，可以避免数据来源不同，导致数据无法打开的问题，是最有利于分享的方式。需要注意的是，在打包前，需要对地图文档进行描述。

① 将点要素与栅格数据均添加进ArcMap数据视图后，点击菜单栏中的保存按钮，保存为【地图打包.mxd】的地图文档。

② 点击菜单栏的【文件（F）】，在弹出的菜单中点击【地图文档属性（M）…】，弹出【地图文档属性】窗口，在【描述（E）】一栏中输入描述语句（例如，地图打包），点击【确定】关闭该窗口。

③ 在【目录】面板中，浏览到【工具箱/系统工具箱/Data Management Tools.tbx/打包/打包地图】，双击打开【打包地图】工具。

④ 设置【输入地图文档】为【地图打包.mxd】，【输出文件】为【地图打包.mpk】。

⑤ 在【包版本】中可选择打包结果的版本，为了保证数据能正常使用，一般选择10.2或更低版本。

⑥ 设置添加【附加文件】，可将所有数据信息、文档资料（例如word、pdf、txt等）等一同打包，方便分享及查阅。

⑦ 点击【确定】开始地图打包，随后生成地图打包文件。

⑧ 在【目录】面板中，浏览到【工具箱/系统工具箱/Data Management Tools.tbx/打包/提取包】，双击打开【提取包】工具。

⑨ 设置【输入包】为上述生成的打包文件，并设置输出路径，点击【确定】即可将打包地图文件数据解压还原。

2.3 地形数据

2.3.1 各类地形数据概况

地形数据涉及DTM（Digital Terrain Model，数字地形模型）、DEM（Digital Elevation Model，数字高程模型）、DSM（Digital Surface Model，数字表面模型）等多个相近的概念。DTM 主要描述高程、坡度、坡向、坡度变化率等各种地貌因子，以及它们之间线性和非线性组合的空间分布，是一个较为综合的概念。因此，可将 DEM 视为 DTM 的一个分支，坡度、坡向及坡度变化率等其他因子可在 DEM 的基础上派生。DEM 则是单纯地用于描述一定范围内的地表高程模型。DSM 是指包含了树木、建筑、桥梁等具有一定高度地表覆盖物的高程模型。由于地形数据大多由 DEM 通过进一步的分析生成，且较少将地表上的建筑等物体纳入地形分析，因此，本书主要对 DEM 进行介绍。

DEM 是地形数据的主要来源，代表地表的海拔高度。当前 DEM 数据的分辨率有 1km、90m、30m、12.5m、5m 等，应用于不同的分析情景。DEM 主要通过卫星遥感和航空摄影获取，依据不同的测量途径，主要有以下几种：

1. SRTM（航天飞机雷达地形测绘计划）数据

SRTM 全称为 Shuttle Radar Topography Mission，由 NASA（National Aeronautics and Space Administration，美国航天航空局）、NIMA（National Imagery and Mapping Agency，国防部国家测绘局）、德国与意大利航天机构联合测量。该数据于 2003 年开始发布，每景数据覆盖经纬度各 5°，在赤道附近约 555km。按照精度可分为 SRTM1 和 SRTM3，空间分辨率分别为 30m、90m。

下载途径：地理空间数据云、LP DAAC USGS、SRTM Data。

2. ASTER（高级星载热辐射热反射探测仪）数据

ASTER 全称为 Advance Spaceborne Thermal Emission and Reflection Radiometer，该数据于 2009 年开始发布，每景数据覆盖经纬度各 1°，在赤道附近约 111km。该数据的空间分辨率为 30m。当前，该数据一共有三个版本，分别为 ASTER GDEM v1、ASTER GDEM v2、ASTER GDEM v3，越高的版本，其数据质量也越高。

下载途径：地理空间数据云、USGS Earth Explorer。

3. ALOS 数据

ALOS 全称为 Advanced Land Observation Satellite，是由日本太空发展署研制的对地观测卫星。该项目旨在获得更加灵活、更高分辨率的对地观测数据，其数据空间分辨率包括 30m、12.5m。

下载途径：NASA。

2.3.2 DEM 的应用概述

DEM 作为一类基础数据，具有广泛的应用价值，可用于高程、坡度、坡向、地形起伏度等各类地形因子分析，也可应用于水文模拟、地表径流等雨洪管理领域的分析，还可进行景观点、游线的可视性分析等。本书将从地形分析、水文分析、可视性分析 3 个方面进行介绍。

1. 实验对象简介

为了较好地展示地形分析的各个方面与实验步骤，本书选取具有山地丘陵地貌的湖北省恩施土家族苗族自治州的一片用地（E109°10′16.60″～E109°48′0.35″，N30°0′12.70″～N30°32′47.70″）作为实验对象，面积为 4900km² （70km×70km）（图 2-8）。

2. 实验数据简介

实验数据包含 DEM、观察点/观察线数据。首先，本书采用 ASTER GDEM v3 的 30m 分辨率 DEM 数据，实验区的高程范围为 293～2059m。其次，在城市中心区及周围地区构建 10 个观察点、3 条观察线的矢量数据，以此作为分析的初始数据。

3. 实验工具简介

本书采用 ArcGIS 进行实验操作，它是 Esri 旗下的 GIS 软件，是国内教学、科研使用最普遍的软件之一。本书采用 ArcGIS 10.7 版本。

图 2-8　实验对象遥感影像图

2.3.3　DEM 的具体分析

1. 地形分析

地形分析是以 DEM 为基础进行相关因子的分析。首先进行坡度、坡向、地形起伏度等因子分析；其次进行等高线提取；最后进行地形三维可视化，构建一整套的地形分析流程。所需数据仅【恩施片区 DEM】，坐标系为 GCS_CGCS_2000。

1）坡度分析

（1）**步骤 1**：将地理坐标系转换成投影坐标系。

① 打开 ArcMap，添加【恩施片区 DEM】数据。

② 在【目录】面板中，浏览到【工具箱/系统工具箱/Data Management Tools. tbx/投影和变换/栅格/投影栅格】，双击打开【投影栅格】工具。

③ 在【输入栅格】设置为【恩施片区 DEM】，【输出栅格数据集】设置为【恩施片区 DEM_prj】，输出坐标系为【CGCS2000 3 Degree GK CM 108E】，点击【确定】，完成投影转换。

（2）**步骤 2**：进行坡度分析。

① 在【目录】面板中，浏览到【工具箱/系统工具箱/Spatial Analyst Tools. tbx/表面分析/坡度】，双击打开【坡度】工具。

② 设置【输入栅格】为【恩施片区 DEM_prj】，【输出栅格】为【坡度】，点击【确定】完成坡度分析。

2）坡向分析

步骤：进行坡向分析。

① 打开 ArcMap，在【目录】面板中，浏览到【工具箱/系统工具箱/Spatial Analyst Tools. tbx/表面分析/坡向】，双击打开【坡向】工具。

② 设置【输入栅格】为【恩施片区 DEM_prj】，【输出栅格】为【坡向】，点击【确定】完成坡向分析。

3）地形起伏度分析

步骤：进行地形起伏度分析。

① 打开 ArcMap，在【目录】面板中，浏览到【工具箱/系统工具箱/Spatial Analyst Tools.tbx/领域分析/焦点统计】，双击打开【焦点统计】工具。

② 设置【输入栅格】为【恩施片区 DEM_prj】，【输出栅格】为【地形起伏度】，【邻域设置】中【高度】【宽度】均设置为【15】，【单位】为【像元】①，【统计类型（可选）】为【RANGE】，点击【确定】完成地形起伏度分析。

实验区上述 3 个地形因子的分析结果如图 2-9 所示，其坡度范围为 0～79.62°，地形起伏度为 0～944m，坡度越陡的地方地形起伏度也越大。

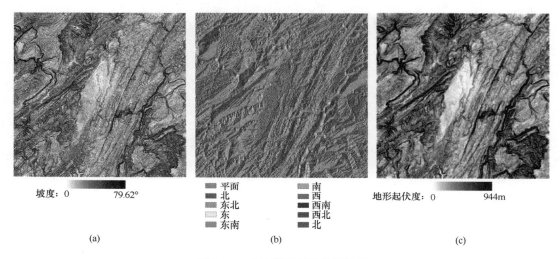

坡度：0　　79.62°

平面　　南
北　　　西
东北　　西南
东　　　西北
东南　　北

地形起伏度：0　　944m

(a)　　　　　　　　(b)　　　　　　　　(c)

图 2-9　3 个地形因子的分析结果

（a）坡度；（b）坡向；（c）地形起伏度

4）等高线提取

以 DEM 为基础数据，可以进行不同间距的等高线提取，间距的选择依据研究区的面积、实践项目需求等而定。本次实验以 50m、100m、200m 三个间距为例，进行等高线的提取。

（1）**步骤 1**：提取等高线。

① 打开 ArcMap，在【目录】面板中，浏览到【工具箱/系统工具箱/Spatial Analyst Tools.tbx/表面分析/等值线】，双击打开【等值线】工具。

② 设置【输入栅格】为【恩施片区 DEM_prj】，【输出折线要素】为【等高线 50】，【等值线间距】为【50】，【起始等值线】为【293】②，点击【确定】生成 50m 间距的等高线。

③ 按照上述步骤，将【等值线间距】分别设置为 100、200，生成 100m、200m 间距的等高线。

（2）**步骤 2**：对等高线进行平滑处理。

① 在【目录】面板中，浏览到【工具箱/系统工具箱/Cartography Tools.tbx/制图综合/平滑线】，双击打开【平滑线】工具。

———————————

① 某个片区的地形起伏度一般计算 20hm² 左右正方形的地形高差，DEM 数据为 30m 分辨率，一个像元的面积为 900m²，需要约 222 个像元，因此【领域设置】中高度、宽度均为 15 个像元。

② 【起始等值线】的设置取决于实验区的最低高程值，据实际情况而设。

② 设置【输入要素】为【等高线 50】，【输出要素类】为【等高线 50＿平滑】，【平滑容差】为【100】，【单位】为【米】①，点击【确定】完成等高线的平滑处理。

生成的 50m、100m、200m 间距的等高线如图 2-10 所示，间距越小的等高线越密集，经过平滑处理后，使等高线中的尖锐转折处变得圆润，更符合实际情况。

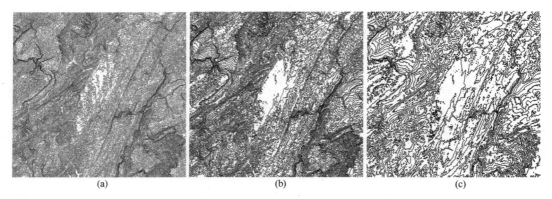

(a)　　　　　　　　　　　(b)　　　　　　　　　　　(c)

图 2-10　不同间隔等高线提取结果

（a）50m；（b）100m；（c）200m

5）地形三维可视化

地形三维可视化是以 DEM 为基础，将其转换为三维立体图，便于更加直观地查看地形的高低起伏程度。

（1）**步骤 1**：将 DEM 进行拉伸。

① 打开 ArcScene，添加【恩施片区 DEM＿prj】数据。

② 在【内容列表】中双击【恩施片区 DEM＿prj】打开【图层属性】，点击【基本高度】选项卡，设置【从表面获取的高程值】为【在自定义表面上浮动】，依据高度拉伸情况设置【从要素获取的高程】，默认为【1】，值越大拉伸效果越明显，点击【应用】预览效果。

③ 切换至【符号系统】选项卡，可选择色带进行更换，点击【确定】完成拉伸显示。

（2）**步骤 2**：获取 DEM 边界。

① 在【目录】面板中，浏览到【工具箱/系统工具箱/3D Analyst Tools. tbx/转换/由栅格转出/栅格范围】，双击打开【栅格范围】工具。

② 设置【输入栅格】为【恩施片区 DEM＿prj】，【输出要素类】为【栅格范围】，【输出要素类类型】为【LINE】，点击【确定】完成 DEM 边界的矢量化。

（3）**步骤 3**：构建三维地形基底。

① 在【内容列表】中双击【栅格范围】打开【图层属性】，点击【基本高度】选项卡，设置【从表面获取的高程值】为【在自定义表面上浮动】，设置【从要素获取的高程】与【恩施片区 DEM＿prj】一致，点击【应用】将【栅格范围】线移至拉伸后的【恩施片区 DEM＿prj】边缘，并可预览效果。

② 切换至【拉伸】选项卡，勾选【拉伸图层中的要素】，设置【拉伸值或表达式】为合适的数值，【拉伸方式】为【将其添加到各要素的最小高度】，点击【应用】可将【栅格

---

① 【平滑容差】的大小关系到进行平滑处理时，平滑度的高低，该值设置越大，平滑度越高。

范围】线拉伸至同一平面。

③ 切换至【符号系统】选项卡，可更换【栅格范围】线的颜色，同时改变拉伸颜色，完成地形三维可视化（图 2-11）。

图 2-11 地形三维可视化

此外，还可将该实验区的遥感影像数据进行三维可视化，操作步骤与上述相似，仅需将【恩施片区 DEM_prj】更换为【恩施片区遥感图】即可。为了使遥感图的三维可视效果更好，可进行以下 2 个设置（图 2-12）：

a. 在【恩施片区遥感图】的【图层属性】中，设置【基本高度】中【栅格分辨率…】的【基本表面】像元大小为【原始表面】相近。

b. 在【渲染】选项卡中，勾选【相对于场景的光照位置为面要素创建阴影】。

(a)   (b)

图 2-12 遥感影像三维可视化的优化设置
(a)【基本高度】选项卡的设置；(b)【渲染】选项卡的设置

优化之后的遥感三维可视效果如图 2-13 所示，遥感图像的清晰度更高，且具有明显的阴面与阳面的差异。

2. 水文分析

水文分析是以 DEM 为基础，依次进行河网提取、流域分析、淹没分析等。

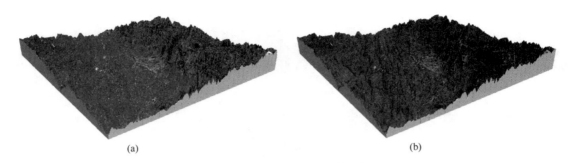

(a)   (b)

图 2-13   遥感影像的三维可视化

(a) 优化前的三维可视效果；(b) 优化后的遥感三维可视效果

1）河网提取

（1）**步骤 1**：填洼——消除一些坑洼地形对模型运算的影响，使结果更趋近于理想状态。

① 打开 ArcMap，添加【恩施片区 DEM _ prj】数据。

② 在【目录】面板中，浏览到【工具箱/系统工具箱/Spatial Analyst Tools. tbx/水文分析/填洼】，双击打开【填洼】工具。

③ 设置【输入表面栅格数据】为【恩施片区 DEM _ prj】，设置【输出表面栅格数据】为【DEM 填洼】，点击【确定】完成填洼分析。

（2）**步骤 2**：流向计算——计算水流方向。

① 在【目录】面板中，浏览到【工具箱/系统工具箱/Spatial Analyst Tools. tbx/水文分析/流向】，双击打开【流向】工具。

② 设置【输入表面栅格数据】为【DEM 填洼】，设置【输出流向栅格数据】为【流向】，点击【确定】完成流向计算。

（3）**步骤 3**：流量计算——计算水流容量。

① 在【目录】面板中，浏览到【工具箱/系统工具箱/Spatial Analyst Tools. tbx/水文分析/流量】，双击打开【流量】工具。

② 设置【输入流向栅格数据】为【流向】，设置【输出蓄积栅格数据】为【流量】，点击【确定】完成流量计算。

（4）**步骤 4**：流量划分——按一定阈值提取不同流量下的河网。

① 在【目录】面板中，浏览到【工具箱/系统工具箱/Spatial Analyst Tools. tbx/地图代数/栅格计算器】，双击打开【栅格计算器】工具。

② 在【地图代数表达式】中输入公式【Con（"流量"≥3000，1）】，【输出栅格】设置为【流量 3000】，点击【确定】完成 3000 以上流量的河网筛选。

阈值的选择依据不同实验区而定，流量阈值越大，筛选出的河流数量越少（图 2-14）。

（5）**步骤 5**：河流链接——串联离散的像元，形成独立的河流。

① 在【目录】面板中，浏览到【工具箱/系统工具箱/Spatial Analyst Tools. tbx/水文分析/河流链接】，双击打开【河流链接】工具。

② 设置【输入河流栅格数据】为【流量 3000】，【输入流向栅格数据】为【流向】，【输出栅格】为【河网】，点击【确定】完成链接。

（6）**步骤 6**：河网分级——对不同河流进行等级划分。

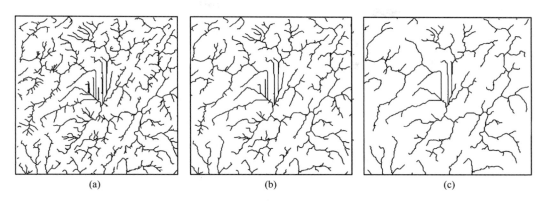

图 2-14　不同水流量阈值的河网提取结果

（a）水流量 3000；（b）水流量 5000；（c）水流量 10000

① 在【目录】面板中，浏览到【工具箱/系统工具箱/Spatial Analyst Tools. tbx/水文分析/河网分级】，双击打开【河网分级】工具。

② 设置【输入河流栅格数据】为【河网】，【输入流向栅格数据】为【流向】，【输出栅格】为【河网分级】，点击【确定】完成河网分级。

（7）**步骤 7**：河网矢量化。

① 在【目录】面板中，浏览到【工具箱/系统工具箱/Spatial Analyst Tools. tbx/水文分析/栅格河网矢量化】，双击打开【栅格河网矢量化】工具。

② 设置【输入河流栅格数据】为【河网分级】，【输入流向栅格数据】为【流向】，【输出折线要素】为【分级河网】，点击【确定】完成河网矢量化。

经过上述 7 个步骤，已经初步将河网进行分级并提取出来。如图 2-15（a）所示，以水流量 3000 为阈值进行的河网提取，共分为 5 个等级。属性表中，GRID_CODE 字段表示河流等级，数值越大等级越高，其流量越大（图 2-15）。

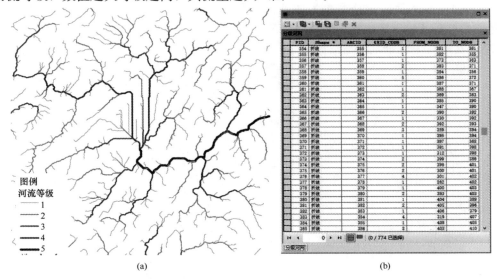

图 2-15　河网分级提取结果

（a）河网分级；（b）属性表

2）流域分析

流域分析的方法有两种，即流域盆域分析和流域单元分析可以得到面积较大的流域盆地，或面积较小的流域单元。

（1）方法一：流域盆地分析。

步骤：流域盆域分析。

a. 在【目录】面板中，浏览到【工具箱/系统工具箱/Spatial Analyst Tools. tbx/水文分析/盆域分析】，双击打开【盆域分析】工具。

b. 设置【输入流向栅格数据】为【流向】，设置【输出栅格】为【流域盆地】，点击【确定】完成流域盆地分析。

（2）方法二：流域单元分析。

① **步骤1**：要素折点转点：提取倾泻点/河口位置。

a. 在【目录】面板中，浏览到【工具箱/系统工具箱/Dada Management Tools. tbx/要素/要素折点转点】，双击打开【要素折点转点】工具。

b. 设置【输入要素】为【分级河网】矢量数据，【输出要素类】为【倾泻点】，【点类型（可选）】为【END】，点击【确定】完成倾泻点的初步提取。

② **步骤2**：捕捉倾泻点：对上一步提取的倾泻点进行校正。

a. 在【目录】面板中，浏览到【工具箱/系统工具箱/Spatial Analyst Tools. tbx/水文分析/捕捉倾泻点】，双击打开【捕捉倾泻点】工具。

b. 设置【输入栅格数据或要素倾泻点数据】为【倾泻点】，【输入蓄积栅格数据】为【流量】，【输出栅格】为【捕捉倾泻点】，点击【确定】完成倾泻点校正。

③ **步骤3**：分水岭：得出流域单元。

a. 在【目录】面板中，浏览到【工具箱/系统工具箱/Spatial Analyst Tools. tbx/水文分析/分水岭】，双击打开【分水岭】工具。

b. 设置【输入流向栅格数据】为【流向】，【输入栅格数据或要素倾泻点数据】为【捕捉倾泻点】，【输出栅格数据】为【流域单元】，点击【确定】完成流域单元分析。

流域盆地与流域单元的结果如图 2-16 所示。

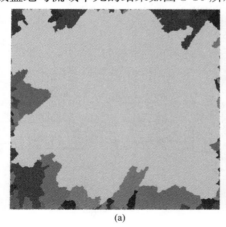

(a) (b)

图 2-16　流域分析

（a）流域盆地；（b）流域单元

3）淹没分析

（1）**步骤 1**：重分类：设置不同淹没高度。

① 在【目录】面板中，浏览到【工具箱/系统工具箱/Spatial Analyst Tools. tbx/重分类/重分类】，双击打开【重分类】工具。

② 设置【输入栅格】为【恩施片区 DEM _ prj】，【重分类】中以淹没高度为界进行两类划分，本次实验进行 500m、600m、800m 三个不同淹没高度的分析，淹没高度以下【新值】取【NoData】，淹没高度以上【新值】取【0】，【输出栅格】分别设置为【淹没区 500. tif】【淹没区 600. tif】【淹没区 800. tif】，点击【确定】完成淹没区分析。

（2）**步骤 2**：栅格计算器：进行淹没区可视化。

① 在【目录】面板中，浏览到【工具箱/系统工具箱/Spatial Analyst Tools. tbx/地图代数/栅格计算器】，双击打开【栅格计算器】工具。

② 在【地图代数表达式】中输入公式【"恩施片区 DEM _ prj. tif" + "淹没区 500. tif"】，【输出栅格】设置为【淹没区 500m】，点击【确定】完成淹没区与 DEM 数据的叠加。

③ 通过【淹没区 500m】图层属性的【符号系统】，进行色彩深浅的显示。图 2-17 显示了三个高度淹没区的可视化效果，图中空白区域即为淹没区域，周围颜色深浅代表高程大小。

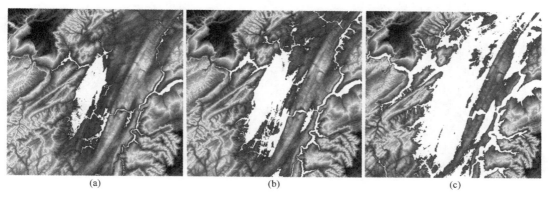

(a)　　　　　　　　　　(b)　　　　　　　　　　(c)

图 2-17　不同高度的淹没区分析

(a) 500m；(b) 600m；(c) 800m

3. 可视性分析

分别构建 10 个【观察点】、3 条【观察线】的矢量数据进行可视性分析，观察点、观察线空间分布如图 2-18 所示。

1）观察点视域分析

（1）**步骤 1**：为观察点添加高度值。

① 在【目录】面板中，浏览到【工具箱/系统工具箱/Spatial Analyst Tools. tbx/提取分析/值提取至点】，双击打开【值提取至点】工具。

② 设置【输入点要素】为【观察点】，【输入栅格】为【恩施片区 DEM _ prj】，【输出点要素】为【SPOT 点】，点击【确定】完成观察点的高

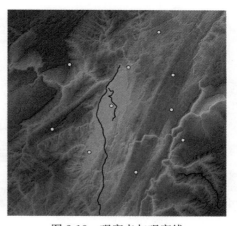

图 2-18　观察点与观察线

程赋值。

③ 打开【SOPT 点】的属性表，添加双精度字段【SOPT】，通过字段计算器输入公式【［RASTERVALU］+1.5】为其赋值①。【SPOT】字段即为视点高度值。

（2）**步骤 2**：视域分析。

① 在【目录】面板中，浏览到【工具箱/系统工具箱/3D Analyst Tools.tbx/可见性/视域】，双击打开【视域】工具。

② 设置【输入栅格】为【恩施片区 DEM＿prj】，【输入观察点或观察折线要素】为【SPOT 点】，【输出栅格】为【点视域】，点击【确定】完成观察点的视域分析。

视域分析结果中，有色区域为可视区，空白区域为不可视区。打开【点视域】的属性表，发现【value】字段中显示着 0、1、2、3 等数字，分别代表某像元可被 0、1、2、3 个观察点看见，将【点视域】按照【value】字段进行符号化显示，可以直观地呈现可视区被观察的次数多与少，颜色越深的区域表示被越多的观察点可视（图 2-19）。

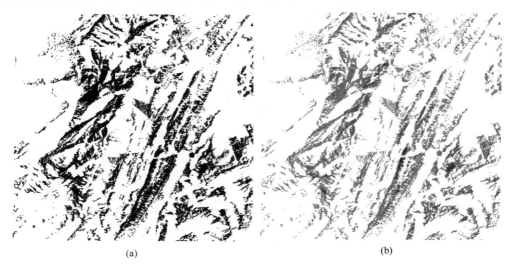

(a)   (b)

图 2-19　观察点的视域分析结果
(a) 视域分析结果；(b) 可视区被观察次数的符号化显示

2）观察线视域分析

（1）**步骤 1**：为观察线添加高度值。

① 在【目录】面板中，浏览到【工具箱/系统工具箱/3D Analyst Tools.tbx/功能性表面/插值 shape】，双击打开【插值 shape】工具。

② 设置【输入表面】为【恩施片区 DEM＿prj】，【输入要素类】为【观察线】，【输出要素类】为【SPOT 线】，点击【确定】完成观察线的高程赋值。

（2）**步骤 2**：视域分析。

① 在【目录】面板中，浏览到【工具箱/系统工具箱/3D Analyst Tools.tbx/可见性/视域】，双击打开【视域】工具。

---

① 公式中的 1.5 指成年人平均视线高度为 1.5m。

② 设置【输入栅格】为【恩施片区 DEM _ prj】，【输入观察点或观察折线要素】为【SPOT 线】，【输出栅格】为【线视域】，点击【确定】完成观察线的视域分析。

视域分析结果中，有色区域为可视区，空白区域为不可视区。将【线视域】按照【value】字段进行符号化显示，可以直观地呈现可视区被观察的次数多与少，颜色越深的区域表示被越多的观察线可视（图 2-20）。

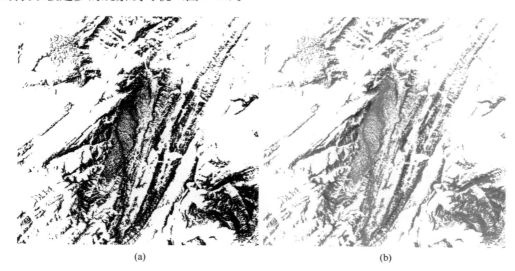

(a)　　　　　　　　　　　　　　　　　　(b)

图 2-20　观察线的视域分析结果

（a）视域分析结果；（b）可视区被观察次数的符号化显示

2.4　土地覆被数据

土地覆被是指地球表面当前所具有的自然和人为影响所形成的覆盖物，是地球表面的自然状态，如林地、草地、耕地、湖泊、建设用地等。这些覆被类型中，风景园林学科尤其关注林地、草地、湖泊等蓝绿空间用地，是科研、项目实践常用的数据类型之一。该数据一般由遥感影像解译得来，其中，Landsat 系列卫星遥感影像是主要的影像数据来源。近年来，全球各大高校、科研机构都在致力于不同时期全球或中国土地覆被数据的解译，提供了诸多数据来源。这些数据主要为 tiff 格式的栅格数据，分辨率包含 1km、300m、100m、30m、10m 等，当前主要以 30m 分辨率为主，其数据量、数据类型最多。然而，这些数据一般通过影像进行批量解译生成，在数据精度上还尚未达到十分高的水平，因此需要有选择性地进行使用，并在合适的场景中使用。

2.4.1　获取途径

1. Global Land 30：全球地理信息公共产品

Global Land 30 是中国向联合国提供的首个全球地理信息公共产品，是国家高技术研究发展计划（863 计划）全球地表覆盖遥感制图与关键技术研究项目的重要成果，以 10 年为周期对全球的土地覆被进行测定。该数据当前提供了 2000、2010、2020 年共 3 期数据，分辨率为 30m，包含 10 类覆被类型，包括耕地、森林、草地、灌木地、湿地、水体、苔原、人造地表、裸地、冰川和永久积雪。

2. 资源环境科学与数据中心

该平台的土地覆被数据是由中国科学院地理科学与资源研究所牵头，联合多家研究所共同完成的。科研人员以 Landsat 遥感影像为基础，通过人工目视解译构建了中国的土地覆被数据。当前共有 1980、1990、1995、2000、2005、2010、2013、2015、2018、2020 年 10 期数据，分辨率有 1km、100m、30m，以及矢量数据。数据采用二级分类系统，一级分为耕地、林地、草地、水域、建设用地和未利用土地 6 类，二级在一级类型基础上进一步分为 25 个类型。然而，由于数据分类较细，仅 1km 分辨率的数据提供免费使用。

3. 地球大数据科学工程数据共享服务系统

该平台提供了中国科学院空天信息创新研究院刘良云研究员学科组的数据成果，利用 Landsat 遥感影像数据在谷歌地球引擎云计算平台完成了长时序的地表覆盖变化检测。当前共有 1985、1990、1995、2000、2005、2010、2015、2020 年 8 期数据，分辨率为 30m。数据一共分为 29 个地表覆盖类型，包括旱地、水田、常绿阔叶林、落叶阔叶林等，在林地类别中的分类更为精细。

4. 欧洲航天局全球土地覆被数据

欧洲航天局的土地覆被数据源于卫星哨兵 1 号、2 号的 10m 分辨率影像，因此数据分辨率为 10m，是当前精度较高的数据来源之一。数据仅涵盖 2020 年一年的数据，共分为 11 类，包括林地、灌木、草地、耕地、建筑、荒漠、雪/冰、水体、湿地、红树林、苔藓/地衣。数据总体精度为 74%。

5. Climate Data Store 气象数据存储中心

气象数据存储中心的土地覆被数据采用多种卫星遥感进行制作，当前提供了 1992～2020 年共 29 期数据，数据分辨率为 300m。该数据采用联合国粮食及农业组织的土地覆盖分类系统，一共包含 22 个类别，包括常绿阔叶林地、落叶阔叶林地、常绿针叶林地、落叶针叶林地、灌木地、草地等类别。与其他数据相比，该数据在林地类中分得更为精细。

6. Esri 土地覆被数据

Esri 对外公布了全球 10m 分辨率的土地覆盖数据，该数据利用哨兵 2 号卫星影像绘制而成。用户可以通过 ArcGIS 地理空间搜索引擎（ArcGIS Living Atlas）中的网页服务直接访问下载。当前提供了 2017～2021 年每年各一期的数据，共 5 期。数据一共分为 9 类，包括水体、林地、草地、淹没植被、耕地、灌木、建筑、裸地、雪/冰。总体精度为 85.96%。

7. 各类开放数据库

（1）Zenodo 多学科研究数据知识库。Zenodo 来源于古希腊文学家泽诺多托斯（Zenodotus，公元前 280 年），于 2013 年 5 月推出数据知识库，方便研究人员、科学家、研究机构能够共享和展示多学科研究成果（数据和出版物）。该数据库中收录了多个研究团队的土地覆被提取成果，例如武汉大学的黄昕教授团队基于机器学习的随机森林算法，结合时空滤波和逻辑推理的后处理方法得出更加准确的土地覆被数据，该数据为 30m 分辨率，覆盖中国区域，数据时间包含 1985 年以及 1990～2021 年共 33 个年份。

（2）清华大学开放下载平台。宫鹏教授团队结合不同来源的遥感影像数据类型，提供了多种土地覆被数据，例如连续 34 年（1982～2015 年）的 5km 分辨率数据（精度82.81%）、3 年（2010 年、2015 年、2017 年）的 30m 分辨率数据、2017 年的 10m 分辨率数据（精度 72.76%）。

2.4.2 土地覆被数据的应用概述

土地覆被数据作为一类基础数据，具有广泛的应用价值，可用于不同时期城市扩张、蓝绿空间变化等时序分析，进一步通过土地转移矩阵，量化地表覆盖类型之间的空间转换，还可进行绿色空间的景观格局、形态学空间格局等分析。本章主要介绍时序分析与土地转移矩阵，景观格局及相关分析将在后续章节中进行详细介绍。

实验对象位于长江中下游地区，为方便实验开展，选取一处 50km×50km、总面积约为 2500km² 的地块进行分析（图 2-21），区域内有水域、林地、耕地、建设用地等多种地类，地类种类丰富。实验数据为 Global Land 30 中 2000、2010、2020 年 3 个年份的数据，分别为【WH2000】【WH2010】【WH2020】，数据坐标系均为投影坐标系。首先，分析 3个年份的绿色空间变化情况以及平均中心的转移。其次，对 2000、2020 年两个年份的数据进行土地转移矩阵分析。

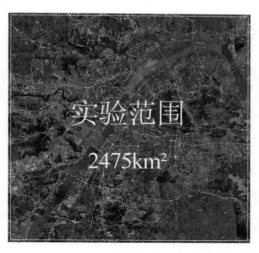

图 2-21 实验范围影像图

2.4.3 绿色空间变化分析

依据 Global Land 30 中的土地覆被类型，本次实验将森林、草地、灌木地、湿地四类用地定义为绿色空间。在数据中，这些土地覆被类型以数字编号的形式进行标注，林地、草地、灌木地、湿地的数字编号分别为 20、30、40、50。对实验范围的数据进行观察，发现不包含数字编号 40，说明实验范围内无灌木地。本次实验重点在于平均中心的分析，其目的是识别出一定范围内的一组要素的地理中心，即绿色空间分布的地理中心。

首先，对 2000 年的数据进行分析。

（1）**步骤 1**：构建栅格网单元。

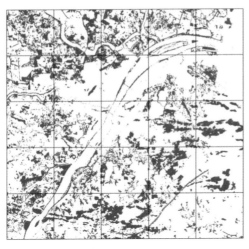

图 2-22　实验范围栅格单元

① 打开 ArcMap，加载实验范围 2000 年的土地覆被数据【WH2000】。

② 在【目录】面板中，浏览到【工具箱/系统工具箱/Dada Management Tools. tbx/采样/创建渔网】，双击打开【创建渔网】工具。

③ 设置【输出要素类】为【栅格单元】，【模板范围（可选）】选择【与图层 WH2000 相同】，【像元宽度】【像元高度】均设置为【10000】①，取消勾选【创建标注点（可选）】②，【几何类型（可选）】选择【POLY-GON】，点击【确定】生成 10km×10km 的正方形栅格单元（图 2-22）。

④ 打开【栅格单元】属性表，发现【Id】字段均为 0，因此通过字段计算器进行赋值，以便栅格单元的编号可以从 1 开始按顺序编码。字段计算器的【解析程序】采用【Python】，并勾选【显示代码块】，在【预逻辑脚本代码：】框中输入下述代码，在【Id ＝】框中输入 px()，点击【确定】便可自动生成 1、2、3 等数字编号。

```
re＝0
def px()：
    global re
    a＝1
    b＝1
if（re＝0）：
    re＝a
else：
    re＝re＋b
return re
```

（2）**步骤 2**：筛选绿色空间数据。

① 在【目录】面板中，浏览到【工具箱/系统工具箱/Spatial Analyst Tools. tbx/重分类/重分类】，双击打开【重分类】工具。

② 设置【输入栅格】为【WH2000】，将旧值 20、30、50 的新值设置为【1】，其他旧值设置为【NoData】，输出栅格为【绿色空间 2000】，点击【确定】完成 2000 年实验范围绿色空间的筛选。

（3）**步骤 3**：将绿色空间栅格数据转换为矢量数据。

---

① 本实验的【像元宽度】【像元高度】设置为 10000，将生成 10km×10km 的正方形栅格单元，依据各个实验自行选择适宜的宽度值、高度值。若宽度值、高度值设置不一致，将生成矩形单元。

② 【创建标注点（可选）】若勾选，则生成的要素类包含各个栅格单元的中心点，本次实验不需要该点要素，故取消勾选该选项。

①在【目录】面板中，浏览到【工具箱/系统工具箱/Conversion Tools.tbx/由栅格转出/栅格转面】，双击打开【栅格转面】工具。

②设置【输入栅格】为【绿色空间 2000】，【输出面要素】为【绿色空间 2000】，点击【确定】完成栅格转面分析。

（4）**步骤 4**：提取绿色空间矢量数据的中心点。

①在【目录】面板中，浏览到【工具箱/系统工具箱/Data Management Tools.tbx/要素/要素转点】，双击打开【要素转点】工具。

②设置【输入要素】为【绿色空间 2000】，【输出要素类】为【绿色空间 2000 点】，勾选【内部（可选）】，点击【确定】完成要素转点分析（图 2-23）。

（5）**步骤 5**：建立各个点与栅格单元之间的联系。

①在【目录】面板中，浏览到【工具箱/系统工具箱/Analysis Tools.tbx/叠加分析/空间连接】，双击打开【空间连接】工具。

②设置【目标要素】为【绿色空间 2000 点】，【连接要素】为【栅格单元】，【输出要素类】为【绿色空间 2000 _ 栅格单元】，【连接操作（可选）】为"JOIN_ONE_TO_ONE"，其他保持默认，点击【确定】完成空间连接分析。

③打开【绿色空间 2000 _ 栅格单元】的属性表，可以发现各个点都被赋予它所位于的栅格单元属性。

图 2-23　绿色空间中心点提取

（6）**步骤 6**：进行实验范围绿色空间的总体平均中心与各区的平均中心分析。

①在【目录】面板中，浏览到【工具箱/系统工具箱/Spatial Statistic Tools.tbx/度量地理分布/平均中心】，双击打开【平均中心】工具。

②设置【输入要素类】为【绿色空间 2000 _ 栅格单元】，【输出要素类】为【绿色空间 2000 中心】，其他设置可保持默认①，点击【确定】生成实验范围绿色空间的总体平均中心。

③再次进行【平均中心】工具分析，设置【输入要素类】为【绿色空间 2000 _ 栅格单元】，【输出要素类】为【绿色空间 2000 中心 _ 栅格单元】，【案例分组字段（可选）】为【Id_1】，即【绿色空间 2000 中心 _ 栅格单元】数据的编号所在字段，点击【确定】生成各个栅格单元的绿色空间平均中心。

其次，按照上述步骤 2～6，依次生成 2010、2020 年实验范围绿色空间的总体平均中心与各区的平均中心。

实验范围 3 个年份的绿色空间分布如图 2-24 所示，呈逐渐减少的趋势。将 3 个年份

---

①　若考虑不同绿色空间斑块面积对中心位置的影响，可在【权重字段（可选）】一栏中选择面积所在的【area】字段。

的总体平均中心叠加在一起，并进行标注。如图 2-24 所示，圆角方形代表绿色空间的总体中心，小圆点代表各个栅格单元的中心。总体上，实验范围内的绿色空间总体中心往东北方向迁移，但各个栅格单元的绿色空间中心变化方向不一。

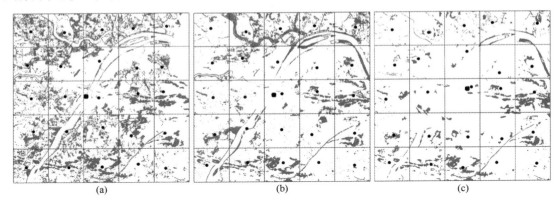

图 2-24　3 个年份实验范围的绿色空间分布及其中心迁移

（a）2000 年；（b）2010 年；（c）2020 年

2.4.4　土地转移矩阵分析

土地转移矩阵是指不同土地覆被类型在时间和空间上的变化情况，通过数值和矩阵表格的形式进行展现，它是进行用地变化分析的常用方法之一。在进行分析前，须明确 Global Land 30 数据的数字编号含义，10、20、30、50、60、80、90 分别代表耕地、林地、草地、湿地、水体、建设用地、裸地。

（1）**步骤 1**：将土地覆被的栅格数据转为矢量数据。

① 打开 ArcMap，加载实验范围两个年份的土地覆被数据，分别为【用地 2000】【用地 2020】。

② 在【目录】面板中，浏览到【工具箱/系统工具箱/Conversion Tools. tbx/由栅格转出/栅格转面】，双击打开【栅格转面】工具。

③ 设置【输入栅格】为【用地 2000】，【输出面要素】为【用地 2000 _ vector】，不勾选【简化面（可选）】，点击【确定】完成栅格转面分析。

④ 以同样的方法将【用地 2020】转换成矢量数据【用地 2020 _ vector】。

（2）**步骤 2**：将同种覆被类型进行融合。

① 在【目录】面板中，浏览到【工具箱/系统工具箱/Data Management Tools. tbx/制图综合/融合】，双击打开【融合】工具。

② 设置【输入栅格】为【用地 2000 _ vector】，【输出要素类】为【用地 2000 _ 融合】，【融合 _ 字段（可选）】勾选【gridcode】（该字段是数据的土地覆被类型数字编号），点击【确定】完成融合。

③ 以同样的方法对 2020 年的数据进行融合。

融合是将矢量数据按照相同的属性进行合并。分别打开融合前后数据的属性表，即【用地 2000 _ vector】【用地 2000 _ 融合】，融合前有 36971 条数据，融合后变为 6 条数据（图 2-25）。

表

用地2000_vector

OBJECTID *	Shape	Id	gridcode	Shape_Length	Shape_Area
1	面	31964	20	88.691447	430.477822
2	面	31965	20	88.691447	430.477822
3	面	31966	20	148.677882	860.955644
4	面	31967	20	88.691447	430.477822
5	面	31968	60	177.382893	860.955644
6	面	31969	20	148.677882	860.955644
7	面	31970	10	88.691447	430.477822
8	面	31971	50	326.060776	1721.911289
9	面	31972	20	88.691447	430.477822
10	面	31973	20	88.691447	430.477822
11	面	31974	20	88.691447	430.477822
12	面	31975	20	88.691447	430.477822
13	面	31976	30	88.691447	430.477822
14	面	31977	30	88.691447	430.477822
15	面	31978	80	88.691447	430.477822
16	面	31979	20	88.691447	430.477822
17	面	31980	20	88.691447	430.477822
18	面	31981	50	88.691447	430.477822
19	面	31982	20	148.677882	860.955644
20	面	31983	80	177.382893	860.955644

22 (0 / 36971 已选择)

用地2000 vector　用地2000_融合

(a)

表

用地2000_融合

OBJECTID *	Shape *	gridcode	Shape_Length	Shape_Area
1	面	10	7654925.03471	933062484.00963
2	面	20	11305333.462647	406556482.578787
3	面	30	3992330.820151	93429883.181899
4	面	50	475976.826248	27516030.374802
5	面	60	5734375.680545	589939403.035252
6	面	80	3205860.866301	449445610.067311

1 (0 / 6 已选择)

用地2000_vector　用地2000_融合

(b)

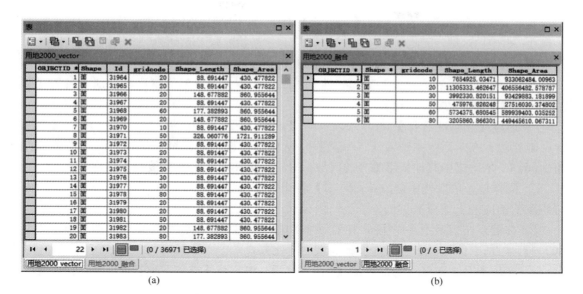

图 2-25　数据融合前后的属性表对比

(a) 融合前的属性表；(b) 融合后的属性表

(3) **步骤 3**：将两个年份数据的信息叠加在一起。

① 在【目录】面板中，浏览到【工具箱/系统工具箱/Analysis Tools.tbx/叠加分析/联合】，双击打开【联合】工具。

② 设置【输入要素】为【用地 2000 _ 融合】【用地 2020 _ 融合】，【输出要素类】为【用地 2000 _ 2020】，点击【确定】完成联合。

联合是将两个矢量数据属性表中的信息添加到一起，从而方便计算各类土地覆被之间的变化。图 2-26 显示了联合之后的数据属性表，表中包含 2000 年的土地覆被类型数字编号，即第 4 列【gridcode】，2020 年的土地覆被类型数字编号，即第 6 列【gridcode】，由此可以查询各个片区是由哪类土地覆被类型转换成哪类土地覆被类型。

表

武汉用地2000_2020

OBJECTID *	Shape *	FID_武汉用地2000_融合	gridcode	FID_武汉用地2020_融合	gridcode	Shape_Length	Shape_Area
1	面	1	10	-1	0	63705.594769	700783.039365
2	面	2	20	-1	0	4079.077631	42280.876574
3	面	3	30	-1	0	4738.928424	46778.842167
4	面	4	50	-1	0	5758.697832	64770.704536
5	面	5	60	-1	0	26514.004602	298664.915353
6	面	6	80	-1	0	5038.860603	52176.400876
7	面	1	10	1	10	30111211.19534	3793484326.177552
8	面	1	10	2	20	11184830.86466	228152107.952627
9	面	1	10	3	30	4854642.259011	97239718.96573
10	面	1	10	4	50	213071.819793	5342683.531201
11	面	1	10	5	60	3607284.313974	109624417.429086
12	面	1	10	6	80	10427622.086156	660780832.163299
13	面	1	10	7	90	182838.656173	2262476.6932
14	面	2	20	1	10	16970762.538725	407016408.531779
15	面	2	20	2	20	9823858.610308	533539682.693219
16	面	2	20	3	30	3144668.921451	52449877.185141
17	面	2	20	4	50	154884.977113	3153973.4737
18	面	2	20	5	60	3818136.635646	85796894.497501
19	面	2	20	6	80	6818538.17911	206549278.80327
20	面	2	20	7	90	249843.504909	3141379.170056
21	面	3	30	1	10	3931810.931395	64212057.210475
22	面	3	30	2	20	2738620.737843	43937927.097267
23	面	3	30	3	30	2058794.461461	35013063.767908
24	面	3	30	4	50	53627.873563	920283.760293
25	面	3	30	5	60	1192410.369888	21917686.740855
26	面	3	30	6	80	2498794.967706	58634579.875353
27	面	4	50	1	10	1128404.842939	54386701.169439
28	面	4	50	2	20	180319.225872	3272719.765368

44 (6 / 53 已选择)

武汉用地2000_2020

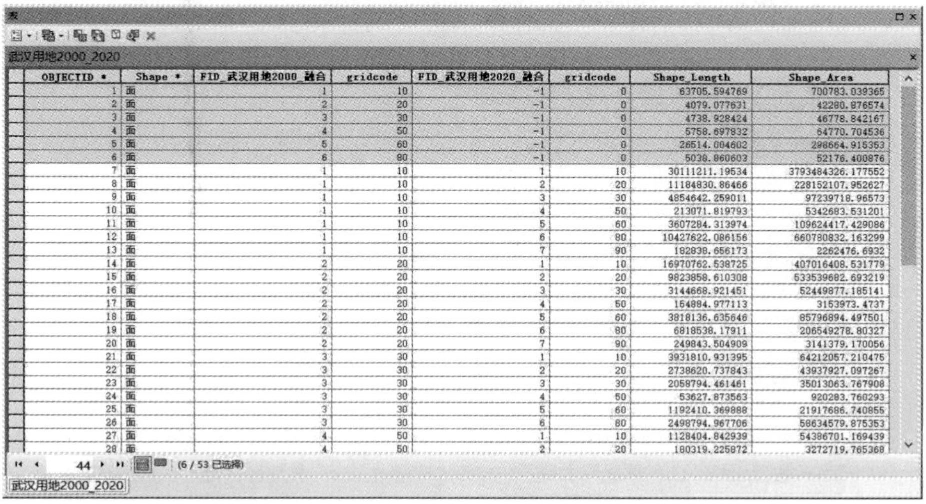

图 2-26　联合之后的数据属性表

　　本实验中发现前 6 行的第 6 列【gridcode】为 0，属于异常现象，是由于【用地 2020】数据中存在一些空白区域，因此可将这些数据删除。只要初始数据无该问题，就不会出现该现象。

　　（4）**步骤 4**：分析土地覆被类型之间的变化。

　　① 打开【用地 2000 _ 2020】的属性表，添加 3 个文本类型的字段，分别命名为【类型 2000】【类型 2020】【变化】。

　　② 通过【按属性选择】的方式，选中【gridcode】为 10 的区域，右键点击【类型 2000】字段，在对话框中输入【"耕地"】[①]，从而给被选中的区域赋值相应的土地覆被类型。同理，依次选中其他数字编号的区域，分别赋值相应的土地覆被类型名称。

　　③ 同样地，依次选中【gridcode _ 1】各个数字编号的区域，在【类型 2020】字段中分别赋值相应的土地覆被类型。

　　④ 右键点击【变化】字段，在对话框中输入公式【［类型 2000］&"-"&［类型 2020］】，给所有的记录附上土地覆被类型的变化方式。

　　⑤ 打开【用地 2000 _ 2020】的【图层属性】，切换至【符号系统】选项卡，按照【变化】字段进行颜色分类。

　　至此，数据处理部分均已完成，可通过【用地 2000 _ 2020】的属性表中的【Shape _ Area】字段查看土地覆被转换的面积。实验结果显示，土地覆被之间存在 47 种相互转换的关系，以林地转变为其他用地为例，经过 20 年的发展，发生了较大变化，与其他 5 类用地存在转换（图 2-27）

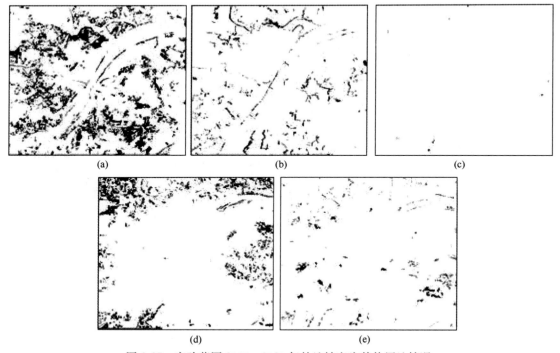

图 2-27　实验范围 2000～2020 年林地转变为其他用地情况

（a）林地转建设用地；（b）林地转水域；（c）林地转湿地；（d）林地转耕地；（e）林地转草地

---

　　① 　双引号需在英文半角状态下打出。

（5）**步骤 5**：形成土地转移矩阵。

① 在【目录】面板中，浏览到【工具箱/系统工具箱/Conversion Tools. tbx/Excel/表转 Excel】，双击打开【表转 Excel】工具。

② 设置【输入表】为【用地 2000 _ 2020】，【输出 Excel 文件】为【用地 2000 _ 2020.xls】，点击【确定】完成 Excel 表格转换。

③ 打开生成的 Excel，选中所有行列，在菜单栏中浏览到【插入/数据透视表】，点击【数据透视表】。

④ 在弹出的对框中选择【现有工作表】，在空白区域框选区间，随后通过回车键返回，点击【确定】弹出【报表】以及右侧的【数据透视表字段】。选中【数据透视表字段】中的【类型 2000】，拖至【报表】中的【列字段】，选中【类型 2020】拖至【报表】中的【行字段】，选中【Shape _ Area】拖至【报表】中的【值字段】，关闭右侧的【数据透视表字段】，土地转移矩阵便可生成，通过进一步整理，去除空白的行列，得到表 2-4。

实验范围 2000～2020 年的土地转移矩阵　　　　　　　　　表 2-4

土地覆被类型		2000 年土地覆被面积/km²						
		草地	耕地	建设用地	林地	湿地	水体	总计
2020 年土地覆被面积/km²	草地	12.36	26.40	6.65	20.76	1.37	11.95	79.49
	耕地	15.41	454.65	14.82	114.71	6.39	114.12	720.09
	建设用地	44.67	390.21	418.80	175.22	4.50	101.17	1134.58
	林地	9.96	29.60	3.02	59.50	1.38	9.57	113.03
	湿地	0.07	1.25	0.04	0.89	1.73	2.21	6.18
	水体	10.96	30.95	6.12	35.48	12.15	350.93	446.59
	总计	93.43	933.06	449.45	406.56	27.52	589.94	2499.95

表中，对角线的数值代表各类地表覆被类型未发生变化的面积，其余各个格子中的数值可推导出土地覆被类型的转换面积，例如 26.40km² 表示由耕地转变为草地的面积，15.41km² 表示由草地转变为耕地的面积，依此类推。最后一行、一列的总计分别代表 2000、2020 年各类土地覆被类型的面积，通过对比可以判断它们的总量增减情况，例如草地由 93.43km² 减少至 79.49km²，建设用地由 449.45km² 增加至 1134.58km²。

2.5 路网数据

道路网络作为城市空间的基本骨架，起到分割、限定、围合空间等作用，是城市重要的空间要素。当前可获取的路网数据主要为矢量数据，然而数据一般较为复杂，同一条道路由多条折线构成，非单线形式，因此在实际应用中需要进行数据的预处理。

2.5.1 路网数据获取途径

1. OSM（Open Street Map，开源街道地图）

OSM 是路网数据主要的来源之一，该平台可以创造一个内容自由且能让所有人编辑的世界地图，可以免费下载平台上的数据。数据成果中包含【building】【landuse】【natural】三类面要素，【places】【points】两类点要素，【railways】【roads】【waterways】三类线要素。路网数据即为【roads】线要素，在其属性表中，【type】字段记录了道路的等级和类型，包括 Motorway（高速公路）、Motorway_link（高速公路枢纽）、Primary（主干道）、Secondary（二级干道）、Tertiary（三级干道）、Pedestrian（人行道）等近 30 种。

　　2. 全国地理信息资源目录服务系统

　　该系统提供了中国 1 : 100 万的基础地理信息数据，且每年更新数据。数据中包含路网数据，分为铁路、公路、交通附属设施（线）、交通附属设施（点）四大类。其中，公路又进一步分为国道、省道、县道、乡道、专用公路、其他公路、街道、乡村道路等，是主要的路网构成。

　　3. GRIP 全球路网数据集

　　该数据集是荷兰的 GLOBIO 团队基于许多不同的道路数据制作而成的。该数据集由矢量数据和 8km 分辨率的道路密度栅格数据两部分组成。矢量数据所包含的道路类型主要分为高速路（Highways）、一级道路（Primary roads）、二级道路（Secondary roads）、三级道路（Tertiary roads）、局部道路（Local roads）5 类。

　　4. 其他

　　地理信息专业知识服务系统提供了全国 1 : 25 万的矢量数据，NASA 道路数据集提供了全球道路矢量数据，但这些数据的时效性不强，为 2015 年及以前的数据，且数据量少。

2.5.2　路网数据的应用

　　1. 应用概述

　　路网数据在风景园林领域有着较为广泛的应用，主要依托 GIS 平台应用于网络分析，例如分析公园绿地的服务范围，依托路网数据，突破传统的缓冲区分析得到理想覆盖范围；解决绿地资源的空间分配问题；分析某个特定点或空间的等时圈等。绿地的服务范围、分配等分析在本书的第 4 章进行详细介绍，此处主要以较为初步的等时圈分析为例进行介绍。

　　2. 等时圈分析

　　等时圈是指从某个特定点往各个方向出发，以同种出行方式，经过相同时间到达的范围。国土空间规划提出，构建 5min、10min、15min 生活圈与此相关。等时圈在公共服务设施的分布平衡问题等方面有着较好的应用前景。

　　本次的实验目的在于构建绿地的等时圈。实验范围为某市三环线以内的区域，数据包含路网数据与公园绿地数据（图 2-28）。

　　路网数据来源于 OSM，本次实验仅采用一级与二级路网进行演示。将数据下载之后进行处理使其转换成单线型路网，并通过投影将其转换为投影坐标系，命名为【路网】。在数据存放文件夹下构建【等时圈】文件地理数据库，在文件地理数据库下构建【等时圈】要素数据集，并将【路网】数据导入要素数据集。

　　公园绿地数据选取了实验范围内的 18 个中小型绿地的中心点、23 个大型绿地的入口（共 127 个点）所组成的 145 个点要素，分别命名为【大型绿地入口】【中小型绿地中心】，存放于【等时圈】文件地理数据库中。

实验设置 5min、10min、15min 三个时间成本，进行绿地的等时圈分析。

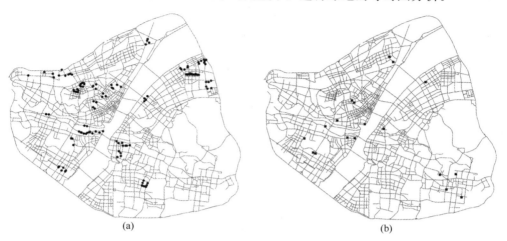

图 2-28 实验区路网与公园绿地点要素
(a) 大型绿地入口；(b) 中小型绿地中心点

（1）**步骤 1**：数据预处理。

① 打开 ArcMap，添加【路网】【大型绿地入口】【中小型绿地中心】数据。

② 启用编辑，选中所有路网，在【高级编辑器】中点击【打断相交线】，在跳出的对话框中点击【确定】，将路网进行打断，使其在每个交叉口均可通行，停止编辑并保存。

③ 打开【路网】属性表，添加双精度字段【时间】，算出每段道路以步行方式通过所需的时间（单位：min）。若步行速度为 4.5km/h，则右键点击【时间】字段，通过字段计算器输入公式【［Shape_Length］/4500 * 60】为其赋值。

④ 至此，路网数据处理完成。

（2）**步骤 2**：构建网络数据集。

① 在【文件夹链接】中浏览到【等时圈】要素数据集，右键点击该要素数据集，在弹出的对话框中点击【新建】→【网络数据集 N…】。

② 输入网络数据集的名称，可保持默认，点击【下一页】。

③ 选择将参与网络数据集的要素类，勾选【路网】数据，点击【下一页】。

④ 是否要在此网络中构建转弯模型，接受默认【是】，表示任何路口都可随意转弯，无转弯限制，点击【下一页】。

⑤ 点击连通性，在弹出新的对话框中接受连通性策略为默认的【端点】，点击【确定】返回上一窗口，点击【下一页】。如若选择任意节点，则意味着一条道路上的任意点都能与另一条道路相连。

⑥ 设置高程模型，选择【无】，点击【下一页】。

⑦ 为网络数据集指定属性，点击【添加】添加新的通行成本属性。在弹出的对话框中输入名称为【通行时间】，点击【确定】生成一条新的属性。点击【赋值器】设置详细的属性信息，在弹出的对话框中，选择【类型】为【字段】，【值】为【时间】，点击【确定】返回上一窗口，点击【下一页】。

⑧ 是否建立行驶方向，选择【否】，点击【下一页】，弹出上述所有设置选项并进行确认。如确认无误，点击【完成】。在弹出的对话框中选择【是】，构建网络数据集。再次弹出的对话框中选择【是】，将网络数据集添加到界面中。

⑨ 至此，网络数据集构建完成。如图 2-29 所示，在【等时圈】要素数据集中新增了【等时圈_ND】【等时圈_ND_Junctions】两个要素，分别代表该网络数据集与道路的交汇点。

图 2-29　网络数据集

（3）**步骤 3**：建立服务区，生成等时圈。

① 在菜单栏空白处点击右键，选择【Network Analyst】，弹出【Network Analyst】工具条。

② 点击工具条上的【Network Analyst】，在下拉菜单中选择【新建服务区（S）】，在【内容列表】弹出【服务区】图层。

③ 点击【Network Analyst】工具条上的【Network Analyst 窗口】按钮，弹出【Network Analyst】面板。在面板中，右键点击【设施点（0）】，在弹出的对话框中选择【加载位置（L）…】，弹出【加载位置】窗口。在该窗口中，点击【加载自（L）】，在下拉条中选择【中小型绿地中心】，点击【确定】，【Network Analyst】面板中的【设施点（0）】则变成【设施点（18）】。以同样的方式加载【大型绿地入口】，【Network Analyst】面板中设施点数量变为 145。

④ 点击【Network Analyst】面板右上角的【属性】按钮，弹出【图层属性】窗口。切换到【分析设置】选项卡，选择【阻抗】为【通行时间】，并在下方的【默认中断】框中输入【5，10，15】，点击【确定】（图 2-30）。

⑤ 点击【Network Analyst】工具条上的【求解】按钮，生成 5min、10min、15min的等时圈。

如图 2-31 所示，3 个时间段的等时圈由不规则的多边形构成，颜色最深的是 5min 等

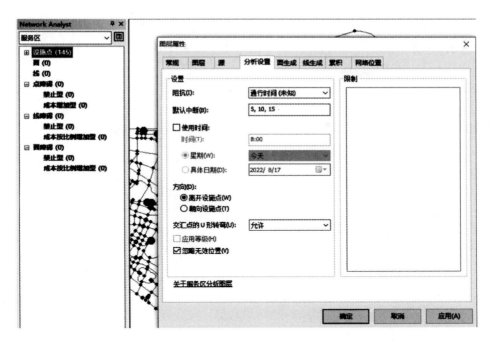

图 2-30　服务区分析的图层属性设置

图 2-31　绿地的等时圈分析结果

时圈，最浅的是 15min 等时圈。需要注意的是，由于本次实验仅纳入一级、二级道路，未纳入其他级别路网，导致各个等时圈呈现棒状的形态。由于也未纳入大型绿地的内部园路，导致大型绿地等时圈在绿地内部为空白的现象。在实际应用中，通过设置不同的通行时间中断值，可以生成不同的等时圈。

2.6　建筑轮廓数据

建筑轮廓数据一般是带有建筑外轮廓的矢量数据，是一种常用的城市空间基础数据，一直被广泛地使用于各种城市相关的研究与项目中。这类数据往往带有楼层数量或高度属性，常用于建筑密度、建筑高度、容积率、城市肌理、三维空间形态等分析。

2.6.1　建筑数据获取途径

当前能够获取带有建筑高度、楼层等信息的建筑轮廓数据途径较少，可行的方式如下：

1. OSM

获取方法与路网数据相似，下载某一片区的数据，其中包含了建筑轮廓数据，但数据可能存在缺失较严重的情况。

2. 高德或百度地图

通过该途径可以快速获取大范围建筑轮廓数据，包含建筑高度或楼层数量信息，质量也较高。然而数据完整度受地图平台限制，采集行为有风险，需要编写代码进行下载。

3. 各类地图下载器

Bigemap、91卫图助手、水经注等各类地图下载器不断发展，其功能逐渐增加，可提供城市建筑轮廓数据的下载，数据包含建筑高度或楼层数量信息，但不免费提供。

2.6.2　建筑数据的应用

本次实验范围为长江中下游地区某城市的一个片区，尺度范围为4km×4km（E114°17′28.31″～E114°20′1.82″，N30°30′37.36″～N30°32′50.26″）。实验数据【建筑】来源于Bigemap地图下载器，包含建筑高度属性【Height】字段（图2-32）。

图2-32　研究区范围及数据属性

1. 分区建筑密度、高度等指标估算及可视化

该实验是将实验区按照一定的空间单元进行划分，例如正方形、六边形、行政区等单元形式，分析各个单元中的各类建筑指标，本次实验以正方形栅格单元为例，计算各栅格中的建筑密度、建筑平均高度，并将结果进行可视化呈现。

（1）**步骤 1**：将数据的坐标系转换成投影坐标系。

① 打开 ArcMap，添加【建筑】数据。

② 在【目录】面板中，浏览到【工具箱/系统工具箱/Data Management Tools.tbx/投影和变换/要素/投影】，双击打开【投影】工具。

③ 设置【输入数据集或要素类】为【建筑】，【输出数据集或要素类】为【建筑 _ prj】，输出坐标系为【CGCS2000 3 Degree GK CM 114E】，点击【确定】完成投影转换。

（2）**步骤 2**：添加建筑数据属性字段。

打开【建筑 _ prj】表，数据中已带有建筑高度【Height】字段。添加一个双精度字段【面积】，并通过字段计算器为所有的记录赋值为【1】。这两个字段是后续计算各栅格中的建筑高度、密度的主要依据。

（3）**步骤 3**：将建筑矢量数据转换为栅格数据。

① 在【目录】面板中，浏览到【工具箱/系统工具箱/Conversion Tools.tbx/转为栅格/面转栅格】，双击打开【面转栅格】工具。

② 设置【输入要素】为【建筑 _ prj】，【值字段】选择【Height】，【输出栅格数据集】为【建筑 _ 高度】，【像元大小（可选）】改为【1】，点击【确定】完成面转栅格。

③ 再次进行面转栅格分析，此时将【值字段】选择【面积】，【输出栅格数据集】为【建筑 _ 密度】。

④ 由此得到的两个栅格数据的【value】字段，分别代表每个像元的高度、面积。

⑤ 本实验中，建议将【面积】字段赋值为像元大小的平方，方便后续的指标计算。因此在实际执行中，需预先确定转为栅格的像元大小，再确定【面积字段】的赋值。例如，像元大小为 0.5，则赋值【面积】字段 0.25。

（4）**步骤 4**：构建栅格网。

① 在【目录】面板中，浏览到【工具箱/系统工具箱/Data Management Tools.tbx/采样/创建渔网】，双击打开【创建渔网】工具。

② 设置【输出要素类】为【栅格网】，【模板范围（可选）】为【与图层 建筑 _ prj 相同】，此时上下左右及 XY 坐标均自动识别出来。

③ 设置【像元宽度】与【像元高度】均为【200】，意味着创建的栅格单元为 200m×200m，将【几何类型（可选）】设置为【POLYGON】面要素，其余保持默认设置，点击【确定】完成栅格网创建。

生成的结果中包含了【栅格网】面要素与【栅格网 _ label】点要素，【栅格网】面要素为 200m×200m 正方形，与建筑边界无缝嵌合在一起，【栅格网 _ label】点要素为各个格网的中心点（图 2-33）。

④ 打开【栅格网】【栅格网 _ label】的属性表，均新建两个双精度字段——【建筑密度】【建筑高度】，用于后续的表格连接分析。

（5）**步骤 5**：计算各个格网中的建筑指标。

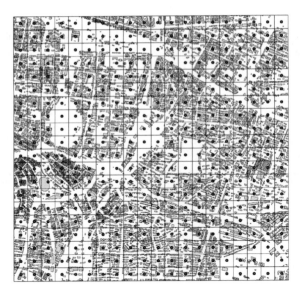

图 2-33　实验区构建的栅格网

① 在【目录】面板中，浏览到【工具箱/系统工具箱/Spatial Analyst Tools. tbx/区域分析/以表格显示分区统计】，双击打开【以表格显示分区统计】工具。

② 设置【输入栅格数据或要素区域数据】为【栅格网】，【区域字段】字段生成为【OID】，【输入赋值栅格】为【建筑_高度】，【输出表】为【建筑高度】，【统计类型】选择【MEAN】，点击【确定】完成分区统计。

③ 再次运行【以表格显示分区统计】工具，设置【输入栅格数据或要素区域数据】为【栅格网】，【区域字段】字段生成为【OID】，【输入赋值栅格】为【建筑_密度】，【输出表】为【建筑密度】，【统计类型】选择【SUM】，点击【确定】完成分区统计。

该工具运行的结果为表格【建筑高度】【建筑密度】（图 2-34）。表中除了常规的

建筑高度

OBJECTID	OID	COUNT	AREA	MEAN
1	1	6839	6839	11.980114
2	2	9487	9487	16.764731
3	3	10160	10160	6.986122
4	4	3076	3076	59.110858
5	5	12383	12383	47.908827
6	6	5909	5909	13.461499
7	7	8591	8591	11.94145
8	8	6824	6824	11.868259
9	9	10760	10760	27.432714
10	10	7556	7556	21.805585
11	11	11025	11025	18.933152
12	12	8632	8632	14.896895
13	13	7842	7842	17.159908
14	14	12403	12403	16.170201
15	15	11681	11681	17.417516
16	16	3906	3906	1.573477
17	17	3982	3982	14.830487
18	18	1073	1073	14.293569
19	19	1831	1831	11.826871
20	20	7501	7501	8.035729
21	21	5532	5532	11.174078
22	22	12930	12930	17.071694
23	23	14096	14096	9.923186
24	24	8097	8097	11.755341
25	25	7833	7833	60.366909
26	26	4761	4761	33.442134
27	27	7918	7918	18.792751
28	28	9645	9645	8.38901
29	29	13677	13677	20.553338
30	30	9412	9412	17.955164
31	31	11860	11860	14.833052
32	32	12814	12814	12.294444

1 ► ►| （0 / 398 已选择）

建筑高度　建筑密度

(a)

建筑密度

OBJECTID	OID	COUNT	AREA	SUM
1	1	6839	6839	6839
2	2	9487	9487	9487
3	3	10160	10160	10160
4	4	3076	3076	3076
5	5	12383	12383	12383
6	6	5909	5909	5909
7	7	8591	8591	8591
8	8	6824	6824	6824
9	9	10760	10760	10760
10	10	7556	7556	7556
11	11	11025	11025	11025
12	12	8632	8632	8632
13	13	7842	7842	7842
14	14	12403	12403	12403
15	15	11681	11681	11681
16	16	3906	3906	3906
17	17	3982	3982	3982
18	18	1073	1073	1073
19	19	1831	1831	1831
20	20	7501	7501	7501
21	21	5532	5532	5532
22	22	12930	12930	12930
23	23	14096	14096	14096
24	24	8097	8097	8097
25	25	7833	7833	7833
26	26	4761	4761	4761
27	27	7918	7918	7918
28	28	9645	9645	9645
29	29	13677	13677	13677
30	30	9412	9412	9412
31	31	11860	11860	11860
32	32	12814	12814	12814

1 ► ►| （0 / 398 已选择）

建筑高度　建筑密度

(b)

图 2-34　分区统计属性表

（a）建筑高度；（b）建筑密度

【OBJECTID】字段，还生成了【OID】【COUNT】【AREA】3 个固定字段。【OID】字段与【栅格网】的【OID】字段相对应，代表各个栅格的编号，该字段也将用于步骤 6 的数据连接。【COUNT】代表各个栅格中的像元数量，【AREA】代表各个栅格中的像元面积，由于【面转栅格】设置的像元大小为 1，每个像元的面积为 1m^2，因此这两个字段的值一致。

在【建筑高度】表中，生成的【MEAN】字段代表各个栅格中所有像元的建筑高度的平均值，可直接用于后续分析。

在【建筑密度】表中，生成的【SUM】字段代表各个栅格中所有像元的建筑面积的总和。若使用像元大小为 0.5 的栅格数据进行分析，则表中【AREA】值将是【COUNT】值的 0.25 倍，【SUM】值与【AREA】值一致，可用于后续分析。

（6）**步骤 6**：为栅格网的面数据进行建筑指标赋值。

① 打开【建筑密度】【建筑高度】与【栅格网】属性表，点击【栅格网】属性表的左上角【表选项】，依次选择【连接和关联】→【连接】，弹出【连接数据】窗口。

② 设置【选择该图层中连接将基于的字段（C）】为【OID】，【选择要连接到此图层的表…】为【建筑密度】，【选择此表中要作为连接基础的字段（F）】为【OID】，点击【确定】完成数据连接。

③【栅格网】属性表中新增【建筑密度】表中所有的字段，对步骤 4 中添加的【建筑密度】字段通过字段计算器赋值的方式为其赋值，输入公式【［建筑密度.SUM］/［栅格网.Shape_Area］】，点击【确定】完成赋值。

④ 上述公式即建筑密度的计算方式——建筑占地总面积/用地总面积，本实验中，用地面积为每一个栅格，均为 40000m^2，对应【栅格网】属性表中的【Shape_Area】字段，建筑占地总面积对应【建筑密度】属性表中的【SUM】字段。

⑤ 点击【栅格网】属性表的左上角【表选项】，依次选择【连接和关联】→【移除连接】→【移除所有连接（R）】，移除【栅格网】与【建筑密度】的连接。以类似的方式连接【栅格网】与【建筑高度】。

⑥ 对步骤 4 中添加的【建筑高度】字段通过字段计算器赋值的方式为其赋值，输入公式【［建筑高度.MEAN］】，点击【确定】完成赋值。

（7）**步骤 7**：为栅格网的中心点数据进行建筑指标赋值。

【栅格网_label】的【OID】字段与【栅格网】的【OID】字段一致，通过属性表连接的方式，将其与【栅格网】进行连接，并对【建筑密度】【建筑高度】进行赋值。

至此，【栅格网】【栅格网_label】数据中的【建筑密度】【建筑高度】字段值反映了各个栅格中的建筑密度与建筑平均高度，可通过【图层属性的】的【符号系统】进行不同色彩的可视化，或参考地形三维可视化部分进行三维显示（图 2-35）。

2. 建筑三维形态可视化

利用带有高度或楼层数量的建筑轮廓矢量数据，可以快速生成具有三维体量的建筑模型，用于街区或城市尺度的城市形态、天际线等分析。

步骤：

① 打开 ArcScene，添加【建筑_prj】数据。

② 打【建筑_prj】的【图层属性】，切换至【拉伸】选项卡，勾选左上角【拉伸图层

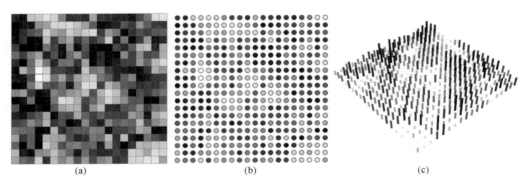

图 2-35　建筑密度不同形式的可视化效果
（a）格网二维平面；（b）点状二维平面；（c）三维立体

中的要素】，在【拉伸值或表达式】中输入公式【［Height］】，点击【确定】生成建筑的三维形体。

　　在实际操作过程中，为了更好地呈现三维效果，可以适当增加拉伸比例，在【拉伸值或表达式】中输入公式【［Height］＊2】等比例系数进行调节。图 2-36 显示的是两倍拉伸的效果。

图 2-36　建筑三维形态可视化（两倍拉伸）

2.7　生态环境数据

2.7.1　植被覆盖数据

　　1. 植被覆盖数据概述

　　植被包括林地、草地、灌木地等类型，其覆盖区域对维持地区生态平衡、物质能力交换循环起着重要作用，在风景园林中是重要的关注对象之一。植被覆盖率是一项重要的指标，用以衡量特定区域的植被生长数量情况，它指某一地域植被垂直投影面积与该地域面积之比。植被覆盖相关的数据类型一般包括植被覆盖空间分布数据、以 NDVI 为代表的植被指数数据、以 FVC（Fractional Vegetation Cover，植被覆盖度）为代表的植被覆盖度数据，数据类型主要为栅格数据。

植被覆盖空间数据可以理解为一定区域内由林地、草地、灌木地等植被类型所覆盖的空间数据，可获取的数据形式较为简单，一般以森林作为统称，囊括主要的植被类型。

NDVI 是植被指数的一种指标，其值范围为 -1～1。负数一般代表水域空间，正数的值越大，说明植被覆盖率越高。该指标一般通过遥感影像数据计算得来，计算公式如下：

$$NDVI = (NIR-R)/(NIR+R) \tag{2-1}$$

式中　NIR——近红外波段的反射值；

　　　R——红波段的反射值。

FVC 通常定义为植被（包括叶、茎、枝）在地面的垂直投影面积占统计区总面积的比例，取值范围为 0～100%。它量化了植被的茂密程度，反映了植被的生长态势，是刻画地表植被覆盖的重要参数，也是指示生态环境变化的基本指标。该指标通过 NDVI 进一步计算得来，计算公式如下：

$$FVC = (NDVI-NDVIsoil)/(NDVIveg-NDVIsoil) \tag{2-2}$$

式中　NDVIsoil——完全是裸土或无植被覆盖区域的 NDVI 值，代表 NDVI 的最小值；

　　　NDVIveg——完全被植被覆盖区域的 NDVI 值，代表 NDVI 的最大值。

2. 植被覆盖数据的获取途径

（1）地球大数据科学工程数据共享服务系统

该平台提供了张晓美团队研究得到的 2020 年全球森林覆盖空间分布数据。团队利用 Landsat 系列、高分一号、六号等卫星影像，选取 2020 年全球森林植被生长旺季的影像，采用全球生态地理分区和众源样本数据，应用机器学习算法实现森林覆盖空间的提取。数据为栅格数据，空间分辨率为 30m，总体精度达到 85% 以上。该数据为森林覆盖空间数据，森林覆盖区域的像元值为 1，未覆盖区域像元值为空，可通过计算得出植被覆盖度指标。

（2）资源环境科学与数据中心

该平台提供了徐新良团队研究得到的全国范围内的 NDVI 数据。可供免费下载 1km 空间分辨率、月度时间分辨率的栅格数据，当前可获取的时间跨度为 1998 年 4 月至 2018 年 12 月。平台还包含 30m 分辨率的栅格数据，时间分辨率为年，可获取的数据时间跨度为 1986～2021 年，但不提供免费使用。这类数据的像元值代表了它的 NDVI 值，但需要注意其值有可能被放大一定的倍数，因此需要进行预处理后再使用。

（3）中国国家地球系统科学数据中心共享服务平台

该平台是首批经科学技术部、财政部认定的 23 家国家科技基础条件平台之一，提供了多种植被覆盖度数据。例如，MuSyQ 全球植被覆盖度产品，包含 5km 空间分辨率、8 天时间分辨率的数据，以及 500m 空间分辨率、4 天时间分辨率的数据。GLASS 全球植被覆盖率数据，亦包含 5km、500m 空间分辨率的数据，时间分辨率均为 1 年。这些数据均涵盖从 1981 年至 2019 年的多个年份。

3. 植被覆盖数据的应用

不同类型的植被覆盖用途也不同，总体上均适用于生态质量评估、生态系统服务等方面，主要作为基础数据进行使用。

森林或植被覆盖空间分布数据直观地显示了特定区域中植被覆盖的空间位置，可用于规划或设计的分析过程。

　　NDVI 数据无法直观地反映植被覆盖的空间特征，是以量化的数值反映植被覆盖情况，在人群健康、环境气候等研究工作中，常常作为一项指标进行使用，探究植被指数对这些因素的影响。

　　FVC 数据作为一类反映特定区域植被覆盖水平的指标数据，可直接应用于国土空间总体规划中"双评价"的生态重要性评价，或应用于生态环境质量评估等相关领域。然而，可直接获取的 FVC 数据一般分辨率不高，可通过其计算公式以 30m 分辨率的 NDVI 数据计算得到。

2.7.2　生态系统类型数据

　　1. 生态系统类型数据概述与获取途径

　　生态系统类型多样，总体上可以分为海洋生态系统与陆地生态系统。陆地生态系统依据纬度地带和光照、水分、热量等环境因素，可以分为森林生态系统、草地生态系统、荒漠生态系统、湿地生态系统、农田生态系统、城市生态系统等类型。

　　生态系统类型数据的来源主要为中国生态系统评估与生态安全数据库，该平台是为了支撑国家重大研究项目的数据需求而建立的数据库，整合了中国科学院生态环境研究中心在我国生态系统评估、格局等研究方面的数据资源和研究成果。数据库有中国生态系统评估数据库、中国陆地生态系统数据库、中国生态功能区划数据库等 5 大类。其中，中国陆地生态系统数据库涵盖了 7 种生态系统类型，按照"纲""目""科""属""丛"依次细化生态系统类型。例如，森林生态系统＞阔叶林生态系统＞温带落叶阔叶林生态系统＞杨林＞小叶杨林。这些数据为面要素的 shapefile 格式，可免费下载。

　　2. 生态系统类型数据的应用

　　生态系统类型数据主要呈现其空间分布，以面状空间形态为主，可为生态格局分析、生态系统评估、生态保护规划、生境质量评价等方面提供信息支撑。

思　考　题

　　1. 风景园林常用的数据类型有哪些？
　　2. 风景园林各类数据的应用有哪些？

第 **3** 章

基于数字技术的景观设计

本章要点 🔍

1. 利用无人机进行倾斜摄影，获取航拍照片。
2. 基于无人机航拍照片与 Reality Capture 构建场地现状三维模型。
3. 利用 Rhino ceros 3D 构建设计方案的三维模型。

3.1 基于数字技术的景观设计概述与案例简介

3.1.1 概述

随着计算机科学技术、3S 技术、图形影像处理技术的不断发展以及三维建模技术的日益完善，基于数字技术的景观设计逐渐成为当前景观设计的重要技术方法。不同于传统的景观设计方法，基于数字技术的景观设计方法在规划设计中发挥的突出作用主要体现在两个方面：一方面运用数字技术可以采集整合复杂的场地要素信息，成为景观设计的基础数据来源；另一方面，数字景观技术可以从场地信息获取、三维模型构建、设计方案虚拟呈现等方面辅助景观设计。

本章结合无人机倾斜摄影技术、三维建模技术、虚拟仿真技术探讨基于数字技术的景观设计方法，并以湖北省武汉市宝岛公园规划设计方案为例，应用 Reality Capture、Enscape 等软件实现宝岛公园虚拟场景与三维景观设计模型构建，并最终通过计算机虚拟仿真技术实现景观设计方案的三维场景演示。本章的实验目标主要分为现状场地三维场景构建、规划设计方案三维模型构建、设计方案仿真虚拟呈现三个方面，实验内容如下：

（1）现状场地三维场景构建：运用无人机倾斜摄影完成规划设计场地影像数据采集，并通过 Reality Capture 构建并导出场地现状三维场景，最后在 Rhino ceros 3D 中查看测量。

（2）规划设计方案三维模型构建：基于景观设计规划平面方案，运用 Rhino ceros 3D 三维建模软件构建设计方案三维模型，并将现状场地三维场景与设计方案三维模型结合，最后对模型进行模型简化、材质贴图等设计优化处理。

（3）设计方案仿真虚拟呈现：使用基于 Rhino ceros 3D 平台开发的三维虚拟仿真渲染软件 Enscape 进行景观规划设计方案三维场景效果图渲染、漫游动画制作、VR 漫游，实现三维景观规划场景演示。

图 3-1 为本章三维景观模型构建实验流程。

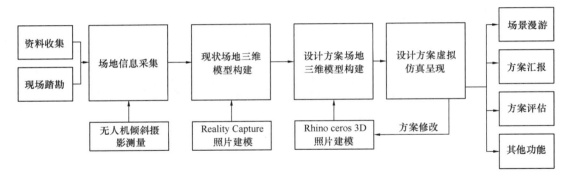

图 3-1　三维景观模型构建实验流程图

3.1.2　设计案例简介

　　案例演示以湖北省武汉市江岸区宝岛公园为实验区，开展无人机倾斜摄影及现状场地实景三维建模及设计建模工作，完整展示景观规划三维模型构建技术流程方法，并对相关技术要点进行总结。

　　宝岛公园原名皖子湖，地处湖北省武汉市汉口城区中心地带，位于汉口台北路与高雄路之间，占地面积约为 $16hm^2$，公园于 20 世纪 90 年代建成，开发时利用挖出的土方，在皖子湖泊中心堆起一座人工岛，因其形似我国宝岛台湾，故名"宝岛公园"（图 3-2）。规划设计区域位于宝岛公园东侧入口，场地东西两侧为 5 层居民楼，南侧为高雄路，设计区域面积约为 $300m^2$，拟规划打造成用途多样、风貌协调的公园入口开放空间 。

图 3-2　宝岛公园设计区域概况

3.2　无人机倾斜摄影

3.2.1　无人机倾斜摄影基本原理

　　无人机倾斜摄影是指通过具有一定倾角的倾斜航拍摄像机拍摄获取多视点、多视角的影像。运用无人机倾斜摄影测量技术可以提取地物空间位置、结构大小、色彩纹理等，从而完成对建成环境进行规模化的 3D 重建，生成三维实景模型，近年来无人机倾斜摄影技术以其操作简便、精准高效、作业成本低等优势特点逐步取代了传统人工建模方法，被广泛应用于景观规划设计领域。

本节使用大疆御 Mavic Pro 无人机，以"武汉市江岸区宝岛公园"为例介绍无人机倾斜摄影测量方法，包括现场踏勘与飞行检查、起降点与飞行范围、环绕飞行、数据导出等实验内容。

无人机倾斜摄影作业必要准备：

1. 飞行器及固件设备

无人机倾斜摄影所需要的设备主要包括搭载摄像机的多旋翼无人机、遥控器、移动显示设备（手机或平板电脑）、连接线、充电器等（图 3-3）。

（a）　　　　　（b）　　　　　（c）　　　　　（d）　　　　　（e）

图 3-3　飞行器及固件设备

（a）多旋翼无人机；（b）遥控器；（c）移动显示设备；（d）遥控器连接线；（e）充电器

2. 移动设备 APP 下载

需下载无人机对应型号的移动端软件，本书使用大疆 DJI Mavic Pro 无人机平台对应 DJI GO 4 软件，DJI GO 4 APP 支持 Android 4.4 及以上系统，支持 iOS 9.0 及以上系统，请读者在应用商店自行下载安装对应版本 APP。

3.2.2　无人机倾斜摄影测量工作流程

无人机倾斜摄影测量工作流程主要包括资料收集与现场踏勘、设备安装连接、飞行作业、数据处理等步骤，工作流程如图 3-4 所示。

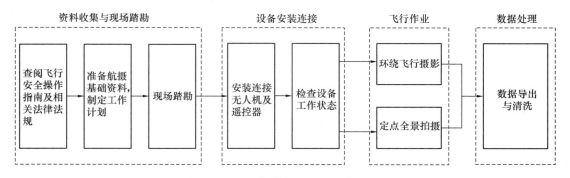

图 3-4　无人机倾斜摄影测量工作流程图

1. 资料收集与现场踏勘

无人机倾斜摄影测量需要对作业环境区域进行现场踏勘，只有在满足飞行要求的条件下才能进行外业测量工作。

（1）**步骤1**：查阅飞行安全操作指南及相关法律法规。

无人机倾斜摄影测量飞行需遵循当地法律法规及无人机安全操作指南注意事项：

① 查阅《民用无人驾驶航空器实名制登记管理规定》《无人机驾驶航空器飞行管理暂行条例》等法规及其他注意事项，检查飞行高度规定及限飞区域，严禁在机场等飞行管控区域飞行，并对需要实名注册登记的飞行器进行登记报备。

② 限飞区域及飞行高度可在相关网站查阅。

③ 查阅对应无人机的安全操作指南，严格遵循操作指南的相关操作规定。

（2）**步骤2**：准备航摄区域基础资料，制定工作计划。

除了提前了解当地相关法律法规及限飞区域外，还需提前准备航摄区域相关基础资料，包括地形图、卫星影像等，了解作业区域地物地貌特征及场地气候条件，避免在雨雪、大雾、雷电大风等恶劣气候条件下飞行，根据测量场地情况制定航测方案，包括无人机作业起降点选择、航摄飞行路线规划等工作内容。

无人机起降点选择是倾斜摄影测量内业工作的首要内容，由于无人机机型、电池续航能力等的差异，因此需要根据具体情况在现场勘查之前提前选择无人机起降点。首先利用卫星地图影像资源了解航摄区域场地情况，初步选择多个备选作业起降点。若测绘区域较大，可酌情增加起降点数量以减少飞行作业距离，提高工作效率。作业起降点选择要点如下：

① 起降点应尽可能空旷平整。尽量选取水泥地、草地、荒地等，远离斜坡、草丛、石堆等可能会对飞行器造成损伤的场地。还应远离周围存在高大建筑的区域，避免造成信号干扰（图3-5）。

② 起降点应远离信号塔等对飞行遥控信号产生干扰的强信号干扰源。

无人机起降点选好之后，可根据航摄区域范围边界线规划飞行路线。结合前期选取的

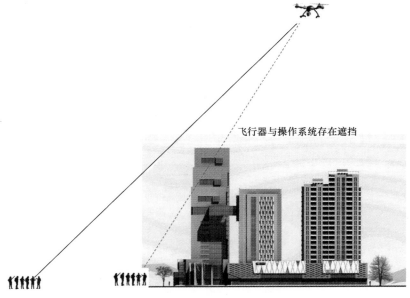

图3-5　无人机起降点选择

起降点及无人机作业半径对整个航摄作业区域进行划分，保证各飞行航线区块之间无缝衔接，飞行区域完整覆盖场地，避免出现错飞、漏飞、重飞等情况。

（3）**步骤 3**：现场勘查。

在正式进行无人机倾斜摄影测量作业之前还需要对场地及周边环境进行实地调研勘查，重点审查备选无人机起降点场地情况是否满足要求，检查事项如下：

① 勘查飞行区域是否有树木、电线、高大建筑物、信号塔等障碍物及无线电发射塔、高压线、变电站等对飞行遥控信号产生干扰的强信号干扰源。

② 检查飞行区域 GPS 信号，只有在 GPS 信号良好的条件下才能进行飞行作业。

③ 飞行作业区域是否远离人群。

2. 设备安装连接

在完成现场踏勘及无人机工作状态检查后，可以正式开始倾斜摄影飞行作业，飞行作业工作流程主要包括设备安装、起降飞行、拍照摄影几部分。

（1）**步骤 1**：连接无人机遥控器与显示设备。

展开无人机遥控器手柄及天线，使用配套数据连接线将移动显示设备（手机/平板电脑）与遥控器进行连接。

（2）**步骤 2**：安装、放置无人机。

① 移除无人机镜头罩及云台锁扣，展开无人机飞行器前、后机臂，安装固定螺旋桨并将螺旋桨展开。

② 将展开的无人机放置到起降点。

（3）**步骤 3**：检查设备工作状态，确保各部件能正常工作，审查内容如下：

① 检查无人机飞行电池、遥控器、移动显示设备电池电量是否充足。

② 确保储存卡已插入飞行器。

③ 检查无人机外观，确保各部件无损伤、相机云台能正常活动。

④ 确保固件以及无人机移动设备 APP 已更新至最新版本。

3. 飞行作业

1）无人机控制单元

无人机由飞行控制、动力系统、图像传输等不同模块组成。其中无人机的飞行控制系统是无人机的核心，主要由遥控器拨杆控制，通过拨杆可完成无人机起飞降落以及飞行姿态控制、航拍摄影等指令。

以大疆无人机操作手柄为例进行演示。

（1）**步骤 1**：起飞及降落。

打开无人机及遥控器，当无人机完成卫星信号连接，显示 "READY TO GO" 即可飞行，此时启动无人机电机，缓慢向上推动油门杆，无人机将垂直向上飞行（图 3-6）。无人机降落有手动降落和自动降落两种模式，自动降落模式下，无人机将自动飞行至一定高度，并按最短路径返航。

（2）**步骤 2**：飞行姿态控制。

无人机飞行姿态由左右拨杆协同配合完成，飞行姿态的控制普遍以美国手模式使用起来较为舒适。在该模式下，左摇杆控制飞行高度和机头方向，右摇杆控制飞行器前进、后退以及左右飞行。此外还有日本手模式、中国手模式，这些模式可在显示设备上设置。

掰杆动作:
电机启动/停止

 或

 起飞:
缓慢向上推动油门杆（默认左摇杆)，飞行器起飞。

 降落:
向下拉油门杆至飞行器落地，在最低位置保持2秒，电机停止。

图 3-6　无人机遥控器拨杆控制示意图

（3）**步骤 3**：航拍摄影。

航拍摄影是无人机的主要功能之一，通过挂载在无人机上的云台相机实现，云台相机提供拍照及录像两种模式，通过遥控器手柄控制操作按钮或移动设备可对云台相机进行对焦、曝光度等参数调整，完成对场地的拍摄记录，此时存储内容会写入无人机存储卡中。

2）环绕飞行摄影

"无人机环绕飞行"又称"兴趣点环绕飞行"是指飞行器以拍摄目标为中心，以一定距离环绕目标飞行拍摄。现代无人机提供多种飞行模式选择，智能模式下，通过标记兴趣点对象、设置飞行参数即可实现对"兴趣点"的自动环绕飞行，自动环绕飞行操作简单，但存在一定的场地局限性。除了智能飞行模式外，还可手动操作进行环绕飞行，手动无人机环绕飞行需要通过遥控器左右拨杆协同配合完成，"左摇杆向左、右摇杆向右"实现无人机逆时针环绕飞行，"左摇杆向右、右摇杆向左"实现无人机顺时针环绕飞行，相较于兴趣点智能飞行模式，手动环绕飞行模式更适合复杂场地的环绕飞行拍摄，但手动环绕飞行摄影难度较大，需多加练习。逆时针环绕飞行操作步骤如下：

（1）**步骤 1**：无人机试拍。

① 镜头调整：将无人机飞行至合适的环绕起始点，调整云台相机倾斜角度及无人机位置至镜头画面能够完整覆盖拍摄物体并保持物体在画面中心，云台相机倾斜角度以 45°为宜。

② 参数调整：进行试拍，对曝光度、ISO 感光量等参数进行调整。

（2）**步骤 2**：环绕飞行。

① 以拍摄物体为中心，"左摇杆向左、右摇杆向右"进行逆时针 360°环绕飞行，旋转拍摄半径尽可能均匀，飞行起点及终点尽可能重合，形成"闭环"（图 3-7）。

② 在环绕飞行的同时对目标物体进行视频录制或者照片拍摄，拍摄照片应尽可能多，覆盖拍摄对象的各个方位。

3）定点全景拍摄

全景摄影是指以某个点为中心在水平面上和竖直面上均匀转动摄像机进行 360°和 180°拍摄，并将拍摄的组图拼合形成包含全部场景图片的拍摄方法。在全景拍摄前，可进行无人机试拍，将无人机悬停在预定拍摄位置进行试拍，并对曝光度、ISO 感光量等参数进行调整。

（1）方式一：不具有全景拍摄功能的无人机。

① 若无人机不具有全景拍摄功能，则需保持无人机悬停状态，水平旋转无人机，每

图 3-7　环绕飞行摄影

隔 30°拍摄一张照片，完成 12 张一圈的拍摄。

② 将云台相机向下旋转 45°，再水平旋转无人机完成固定 30°的间隔拍摄。

③ 重复以上步骤至云台相机完全垂直于地面。

④ 当云台相机垂直于地面时，水平旋转无人机对地面拍摄 2～3 张图片。

⑤ 由于无人机无法拍摄上方天空背景，可用手机相机等移动设备补拍天空影像以备后期处理。

（2）方式二：具有定点全景拍摄功能的无人机。

① 对具有定点全景拍摄功能的无人机，在将无人机悬停至预定位置之后选择"全景拍摄模式"即可实现自动全景拍摄，由此得到的全景图也带有天空。

② 拍摄后的全景照片可在 APP 中查看，可将其分享给他人，分享的全景图片将自动拼合（图 3-8）。还可将其上传至"天空之城"平台，进行 VR 全景浏览。

图 3-8　定点全景拍摄

　　4）航测数据导出与清洗

　　根据无人机的不同型号航测数据可使用读卡器导出，此方式传输速度较快，数据连接稳定。也可采用数据线直接将无人机身内存卡中的数据导出。针对读卡器导出数据的步骤如下。

　　（1）**步骤 1**：将飞行器上的存储卡取出置入读卡器内，在电脑中进行数据读取。

　　（2）**步骤 2**：找到无人机照片的存储位置，将航测数据照片备份到电脑工作文件夹中，查看并删除像素模糊或画面不清晰的照片。

3.2.3　飞行注意事项

　　1. 障碍物避让

　　在飞行过程中应确保飞行器飞行路线畅通无阻碍，在作业途中注意观察，避免无人机与建筑墙体、树木、电线等障碍物发生碰撞，同时飞行作业须在远离人群的地方进行，以免造成人身财产损失。

　　2. 飞行信号丢失

　　在飞行过程中需要时刻注意飞行器 GPS 及图传信号，当飞行器 GPS 信号或图传影像显示异常时，应停止作业即刻返航。

　　3. 电池电量

　　飞行作业应随时关注无人机遥控器及飞行器电量，合理规划作业时间，当电池电量显示较低时应即刻返航，避免低电量作业。

3.3　场地现状三维模型构建

3.3.1　三维模型构建流程

　　运用无人机采集的场地倾斜摄影影像数据可用于现状场景三维构建，三维模型构建流程可概括为：添加照片、影像处理、模型导出三部分，将导入的照片数据或激光扫描数据生成为具有颜色纹理的 3D 模型。本书实景三维模型构建流程使用 Reality Capture BETA 1.0 软件进行演示。Reality Capture BETA 是由斯洛伐克 Capturing Reality 公司开发的一款专业摄影测量软件，软件包含数据导入、模型处理、模型导出等模块，可对导入的照片数据、激光扫描数据进行 3D 建模，具有操作流程简便、运算速度较快的优点，同时该软件还支持多种模型格式导出，包含 obj 格式、3ds 格式、dae 格式、xyz 格式等多种格式，为进一步的方案规划设计提供支持。

　　本节实景三维模型构建流程如图 3-9 所示。

　　（1）**步骤 1**：启动 Reality Capture BETA 1.0。

　　① 打开 Reality Capture BETA 1.0 软件，系统自动弹出 Reality Capture BETA 1.0 工作界面。工作界面主要由上方菜单工具栏、下方显示窗口两部分构成。上方工具栏可以完成命令调用，生成并处理三维模型；下方显示窗口则可以预览导入数据及模型生成效果。

　　② 自定义布局设置：界面最上方工具条可调整显示窗口界面布局（图 3-10），包含【单视图】【1＋1】等视图布局视图，案例使用【1＋1 的布局】的布局形式。

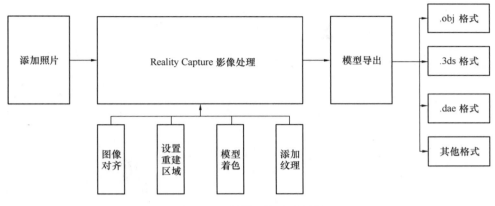

图 3-9　三维模型构建流程图

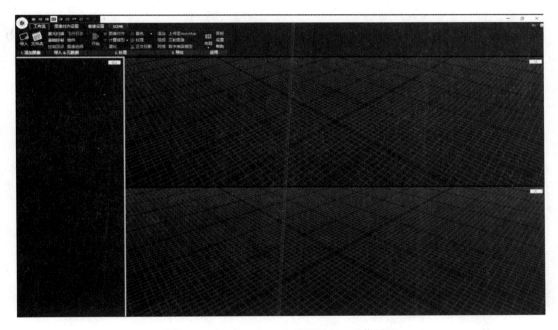

图 3-10　Reality Capture BETA1.0 工作界面

（2）**步骤 2**：数据导入——添加图像。

① 在【工作流】面板中，点击【导入】或【文件夹】，打开演示数据【宝岛公园航拍】，显示窗口会自动显示导入照片数据（图 3-11）。

② 单击窗口左上角的【文件菜单】，保存并命名项目为【宝岛公园航拍模型】。

（3）**步骤 3**：影像处理。

① 图像对齐。在【图像对齐设置】面板中，点击【对齐图像】。等待计算机完成运算，生成三维点云（图 3-12）。

② 设置重建区域（图 3-13）。点击【重建设置】面板下的【设置重建区域】，显示窗口会显示模型生成区域，通过操作轴可对建模区域进行调整。操作轴由三部分构成——控制建模区域位置的"箭头"、控制建模区域边界的"点"以及控制建模区域旋转的"圆弧"。

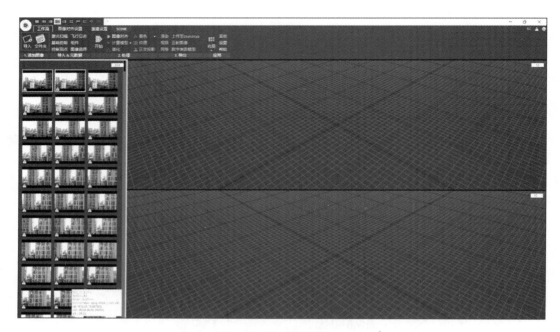

图 3-11 航测数据导入

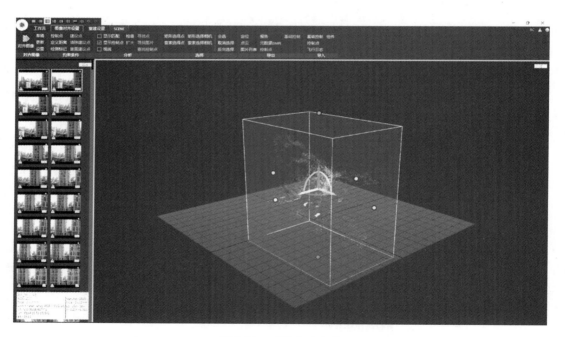

图 3-12 三维点云生成

③ 定义地平面。点击【重建设置】面板下的【定义地平面】命令，通过操作轴旋转移动模型场景，将倾斜的模型场景旋转至与工作平面垂直，并将模型场景置于地平面上。

④ 预览调整。点击【重建设置】面板下的【预览】命令，可预览生成 mesh 模型。此时若对生成的 mesh 模型满意，则可点击【重建设置】下的【普通细节】或【高细节】显

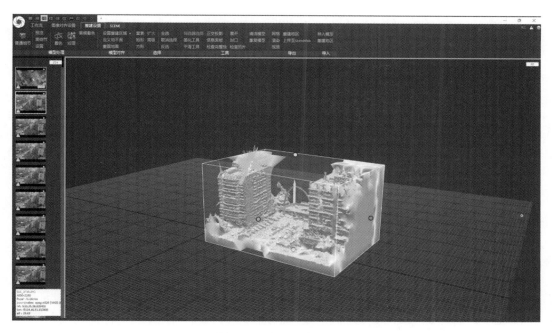

图 3-13　设置重建区域

示，若生成的 mesh 模型效果不佳，则需对模型设置进行重新调整。

　　⑤ 模型着色。点击【模型处理】面板下的【着色】命令，完成模型着色。

　　⑥ 添加纹理。点击【模型处理】面板下的【纹理】命令，添加模型纹理（图 3-14）。

图 3-14　模型着色及纹理添加

（4）**步骤 4**：导出模型。

　　① 导出模型：点击【重建设置】面板下的【网格】命令，导出网格模型。

　　② 保存格式：将模型导出为 wavefront. obj 格式并命名为【baodaogongyuan. obj】，保存模型至目标文件夹中[①]（图 3-15）。

---

　　① 注意：保存文件名称须为英文。

图 3-15　保存格式及名称

3.3.2　三维模型查询与分析

在完成三维实景模型的构建之后，可以在三维建模软件中对三维模型进行信息查询与分析。三维模型查询与分析有两种方法，第一种方法是在 Reality Capture 导出模型之前对已生成的模型进行距离、面积、体积测量。Reality Capture 操作相对简便但精度不足，误差较大，因此仅能在对三维模型测量精度要求不高的情况下使用。第二种方法则通过 Rhino ceros 3D 软件完成，Rhino ceros 3D 是由美国西雅图的 Robert McNeel & Associates（McNeel）公司开发的专业三维立体模型制作软件，作为专业三维建模软件，Rhino ceros 3D 测量及建模精度较高且具有良好的格式兼容性，被广泛地应用于工业设计、建筑设计、景观规划设计等领域，因此本节使用 Rhino ceros 3D 软件，对【宝岛公园航测模型】进行三维模型查询与分析。

1. 航测模型导入

Rhino ceros 3D（以下简称 Rhino）软件提供了模型测量查询功能，可对导入航测场地模型进行距离、面积、体积的测量及场地模型的相关分析。

1) 软件操作界面及主要方式

Rhino 中的操作界面主要由【标题栏】【菜单栏】【指令提示栏】【导航栏】【工具列】【绘图窗口】等部分组成（图 3-16）。Rhino 中指令输入主要有两种形式，一是在【工具列】或【菜单栏】中点击相关指令，二是在【指令提示栏】中直接输入指令。

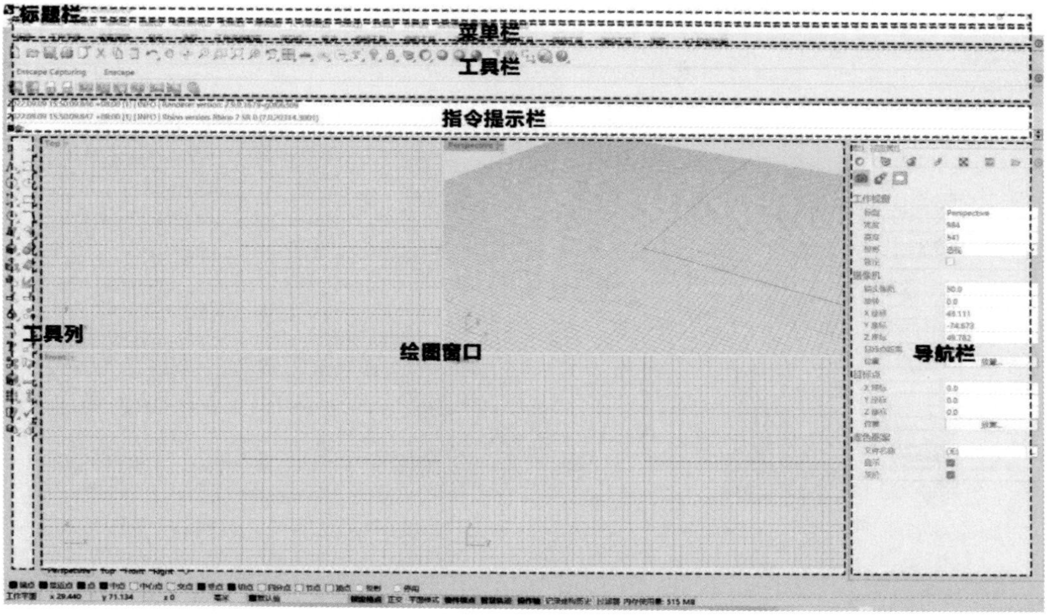

图 3-16　Rhino 软件操作界面

2）模型导入

（1）**步骤 1**：程序启动。

启动 Rhino。点击 Window 任务栏【开始】按钮，找到并点击 Rhino ceros 7 启动程序。

（2）**步骤 2**：导入模型。

将 Reality Capture 中生成名为【baodaogongyuan. obj】模型拖入 Rhino 中，完成模型导入（图 3-17）。

2. 航测模型查询分析

1）测量距离

（1）**步骤 1**：显示模式及视图切换。

① 显示模式切换：在【绘图窗口】中可以对显示窗口进行缩放及对显示模式进行切换。双击绘图窗口左上角【Top】按钮，可将【四视图】显示模式切换到【顶视图】单一显示模式。

② 视图切换：单击窗口下方显示视图按钮，可以将显示视图切换到【顶视图】【正视图】【右视图】等视图。

（2）**步骤 2**：指令输入。

① 在【指令提示栏】中输入【distance】指令，回车确定。

② 在模型上标记测量点，当测量点标记完毕后，【指令提示栏】会自动显示测量距离。

2）测量面积

（1）**步骤 1**：在模型上绘制测量面。

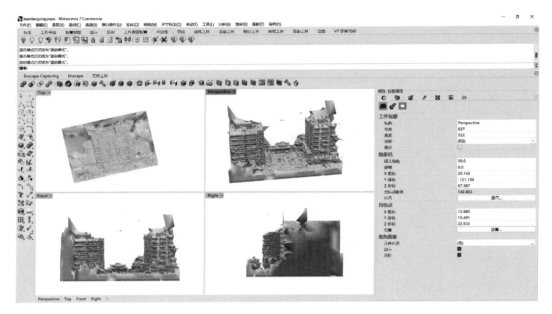

图 3-17　Rhino 中的航拍模型

（2）**步骤 2**：在【指令提示栏】中输入【area】指令，选择绘制的测量面，回车确定，随即显示测量面的面积。

3）测量体积

（1）**步骤 1**：在【指令提示栏】中输入【volume】指令，回车确定。

（2）**步骤 2**：选择模型，此时【指令提示栏】会显示模型体积。

4）设定区域测量

由于导入的模型为"mesh"格式，因此无法直接测量选定选区的三维距离、面积与体积，因此需要先对"mesh"格式进行转换，再进行三维空间的距离、面积与体积测量，具体操作步骤如下：

（1）**步骤 1**：格式转换。

① 在【指令提示栏】中输入【MeshToNurb】指令，回车确定。

② 选择模型，默认选项提示完成格式转换。

（2）**步骤 2**：选区设定。

① 在【绘图窗口】中找到并双击【Top】按钮，将视图模式切换到顶视图。

② 在左侧【工具栏】中使用绘图工具【多重直线】【内插点曲线】等在顶视图绘图页面绘制选区/线。

（3）**步骤 3**：选区投影。

① 在【指令提示栏】中输入【Project】指令，回车确定。

② 按照【指令提示栏】提示，选择所绘制的选区/线及所要投影的模型，回车确定，此时选区边界与模型贴合。

（4）**步骤 4**：选区分割与测量。

① 在【指令提示栏】中输入【Split】指令，回车确定。

② 按照【指令提示栏】提示，选择所绘制的选区/线及所要分割的模型，回车确定，此时选区与模型分离。

③ 在【指令提示栏】中分别输入【area】【volume】指令，回车确定即可分别测量选区面积与体积（图 3-18）。

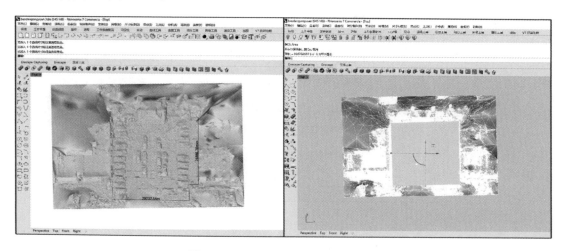

图 3-18　Rhino 航摄模型的测量分析

5）其他分析

除了常规的测量分析外，Rhino 还可对导入的景观模型进行三维地形分析，如坡度分析、坡向分析、高程分析及日照阴影分析等。

3.4　规划方案三维模型构建

传统的方案绘制方式所发挥的作用是难以取代的，但仍然存在一定的局限：一是要素信息之间的联系考虑不全面，景观规划设计作为一个复杂的系统性工程难以通过传统的方式完全表现；二是设计的合理性难以预测评估。在这样的背景下，计算机辅助设计系统的出现在一定程度上弥补了传统方案绘制方式的不足，平面设计方案的三维建模能够使设计方案表现得更为完整，使方案更具合理性和科学性。目前，规划设计方案的三维建模已成为方案推敲表现的必要途径与手段，是辅助规划设计决策的重要方法和必要的工作流程。

本小节将以 Reality Capture 模型中的航测数据、开源数据等数据为基础，使用 Rhino ceros 3D 完成规划方案三维模型构建和三维模型设计优化，并最终借助基于 Rhino ceros 3D 平台开发的 Enscape 实时渲染软件完成三维模型虚拟仿真呈现，具体实验流程如图 3-19 所示。

规划方案三维模型构建实验必要准备：

（1）Rhino ceros 3D 软件。

本书使用 Rhino ceros 7 三维建模软件作为三维模型构建演示平台。

（2）Enscape 软件。

本书使用基于 Rhino ceros 3D 平台开发的三维实时渲染插件 Enscape 2.3 完成三维模型场景虚拟仿真，请读者自行下载安装。

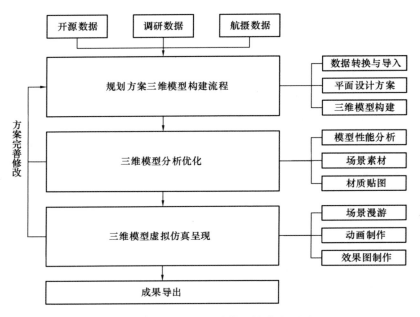

图 3-19　规划方案三维模型构建流程图

3.4.1　规划方案三维模型构建流程

1. 数据导入与格式转换

参数化设计客观要求数字信息贯穿规划设计的各个环节，需要不同软件平台协同工作，因此数据转换与导入是设计工作流程上的重要步骤。Rhino ceros 3D（以下简称Rhino）作为一款强大的参数化建模及设计工具，支持包括 dwg、pdf、jpeg、tif 等多种平面数据格式以及 skp、obj、ply 在内的多种三维模型格式数据导入与导出。

规划设计三维模型构建基础数据按数据获取来源可分为：

（1）调研数据：主要通过对场地实地走访调研、实地测量所获得的一类数据，包括人口数据、地物相关信息等，是最为基础的数据来源之一。

（2）开源数据：一般是指不受版权、专利或其他条件和机制限制，可以由用户免费获得并根据使用者意图进行自由发布和使用的数据来源。近年来开源数据已被广泛应用于景观规划设计领域，如 OSM 开放街道数据、epw 气象数据、POI 兴趣点数据、DEM 数字高程地形数据及卫星遥感影像等。

（3）航空摄影数据：航空摄影又称"空中摄影"，是利用航空器上安置的专用航空摄影仪，从空中对地面或空中目标所进行的新型摄影方式。航空摄影数据可用于场地现状三维模型构建及前期测量。

Rhino 平台支持两种数据导入方式，一种方式是可以由 Rhino 直接打开或导入，如 dwg、jpeg、obj 等数据格式，另一种方式则需要通过插件或 Rhino 下可视化语言编程语言 Grasshopper 等间接实现，如 OSM 开放街道数据、epw 气象数据等。

2. 平面设计方案

"平面设计方案"作为一种传统的设计表达形式，即使在计算机辅助设计技术相对成熟的今天也同样发挥着不可磨灭的作用，设计师们通过整合各类场地信息，自由发挥想象力与创造力预测产出设计成果，使用"纸、笔、绘图尺子、橡皮擦"完成概念草图的绘制，并通过计算机绘图的方式绘制规划设计方案，表达设计思想理念。平面设计方案的设计流程一般需要经过以下步骤。

（1）项目分析与场地解读。

项目分析与场地解读是平面设计方案的首要步骤。首先需要对项目任务书进行整体分析研究，明确设计目的与任务要求；其次，根据设计场地的实际情况制定工作调研计划，对设计场地进行实地踏勘，并对所搜集的场地资料信息进行整理汇总。

（2）案例研究与主题确立。

完成项目分析与场地解读之后，针对设计规划场地展开案例分析研究。吸收借鉴优秀案例的成果经验，寻找景观规划方案的解决途径方法，同时还可根据实际需求确立规划设计主题与中心思想。

（3）场地分析与设计表达。

在场地现状调研与资料搜集的基础上，综合运用计算机数字辅助分析软件对设计场地进行全面系统地分析，提出对应的景观规划设计策略，并以"概念草图"的形式直观展示设计策略与设计思想，经过反复修改优化形成"初步"的平面设计方案。

（4）计算机 CAD 图纸绘制。

通过计算机辅助绘图软件绘制平面设计方案，并完成 CAD 图纸绘制及导出。最后将绘制好的图纸导入 Photoshop 及三维建模软件进行进一步加工处理，最终呈现平面设计方案（图 3-20）。

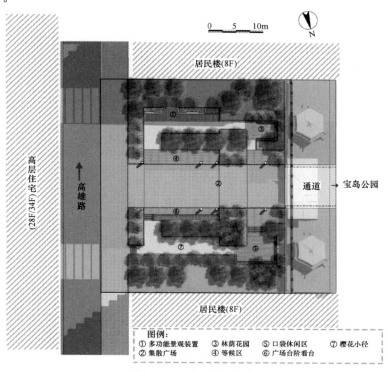

图 3-20　平面设计方案

3. 三维模型构建

在完成 CAD 图纸的绘制之后，将绘制好的 CAD 图纸导入 Rhino 中进行三维模型构建，三维模型构建流程如下：

（1）**步骤 1**：图纸导入。

① 启动 Rhino 软件。点击 Window 任务栏中的【开始】按钮，找到并点击 Rhino ceros 7 启动程序。

② 将【宝岛公园设计平面图 . dwg】数据文件拖入 Rhino 中，或在上方【菜单栏】中找到并点击【文件】，在跳出菜单中选择【打开】，在弹窗中找到并选择【宝岛公园设计平面图 . dwg】数据，点击【打开】，完成 CAD 数据导入（图 3-21）。

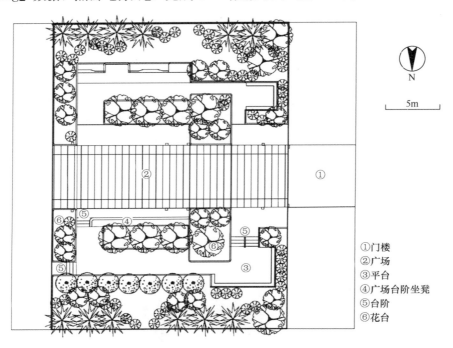

①门楼
②广场
③平台
④广场台阶坐凳
⑤台阶
⑥花台

图 3-21　宝岛公园 CAD 图纸

（2）**步骤 2**：图层命名、新建、显示、锁定。

① 在【图层窗口】中找到并导入图纸所在图层，鼠标双击图层左侧第一个按钮可将平面图纸重命名，将【Master plan】重命名为【平面图】。

② 点击【图层窗口】左上角【新图层】，新建一个名为【铺装】的图层。

③ 单击选择图层栏左侧灯泡形态的【打开】按钮可完成图层的显示与关闭，此时打开显示【铺装】以及【平面图】图层，关闭显示其他图层。

④ 通过点击图层栏左侧锁状的【锁定】按钮可锁定图层，此时锁定【平面图】图层（图 3-22）。

（3）**步骤 3**："线"的绘制与"面"的生成 ——以铺装面为例。

① 右键点击【铺装】图层，在弹出菜单上选择【设为目前的图层】，完成工作图层切换。

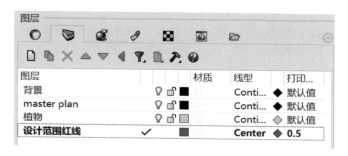

图 3-22　Rhino 图层设置

② 点击左侧工具栏【指定三或四个角建立曲面】，顺次沿 "A、B、C、D" 四点绘制 "铺装面"；或点击左侧工具栏【多重直线/线段】，顺次沿 "A、B、C、D" 四点绘制 "铺装边缘线"，当起点与终点重合时完成绘制，此时鼠标左键选择所绘 "铺装边缘线"，再点击左侧工具栏【指定三或四个角建立曲面】右下角三角符号，弹出下拉菜单，点击【以平面曲线建立曲面】命令，完成 "铺装" 面生成（图 3-23）。

（4）**步骤 4**：体块生成与群组建立——以门楼为例。

① 切换到【墙体】图层，锁定【平面图】图层，关闭显示其他图层。

② 在显示窗口中选中【墙体】封闭曲线，点击【立方体：角对角、高度】右下角三角符号，在弹出的下拉菜单中找到并点击【挤出封闭的平面曲线】命令。

③ 双击显示窗口【Right】切换到右视图，输入数字【2500】回车确定，生成两个高 2500mm 的墙体（注意生成方向），并使用同样的方式在两墙体上方生成高 500mm 的体块，完成 "门楼" 体块生成。

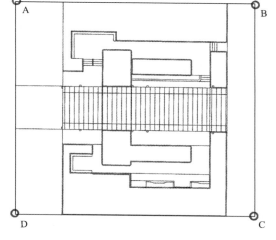

图 3-23　宝岛公园铺装面

④ 鼠标滚轮缩小视图并框选【墙体】图层所有内容，点击左侧工具栏【群组物件】，建立群组（图 3-24）。

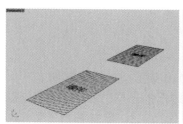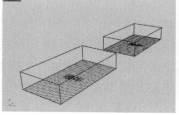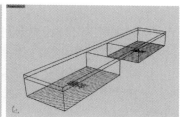

图 3-24　"门楼" 体块生成过程

（5）**步骤 5**：设计模型制作。

由于设计模型建模工作存在一定的重复操作，因此以北侧区域为例完成设计模型的制作（图 3-25）。

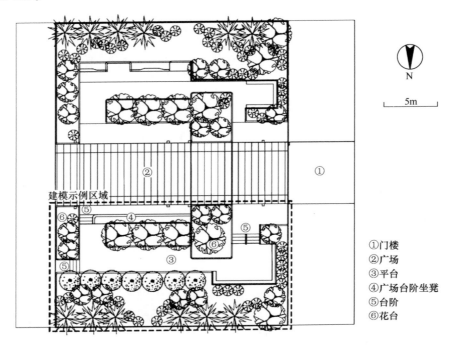

N

5m

建模示例区域

② 广场
① 门楼
⑤ 台阶
⑥ 花台
③ 平台
④ 广场台阶坐凳

①门楼
②广场
③平台
④广场台阶坐凳
⑤台阶
⑥花台

图 3-25　建模示范区域

① 制作"平台"。新建一个名为【平台】的图层，使用【组合】命令将"平台"边缘若干"开放曲线"组合为"封闭的曲线"，再点击【挤出封闭的平面曲线】命令，生成高 450mm 的"平台"体块。

② 制作"阶梯"。新建一个名为【阶梯】的图层，综合使用【立方体】或【挤出封闭的平面曲线】命令，制作"阶梯"体块，在图 3-25 的位置⑤分别制作三组阶梯，设置阶梯踏步高度为 150mm，踏步宽度为 300mm。

③ 制作"花台"。新建一个名为【花台】的图层，使用【组合】命令将"花台"内外边缘若干"开放曲线"组合为"封闭的曲线"。选中"花台"内外边缘，使用【挤出封闭的平面曲线】命令，生成自定义高度的"花台"体块。

④ 制作"广场台阶坐凳"。使用相同的方法，新建【广场台阶坐凳】图层，并制作台阶坐凳。

⑤ 完成剩下区域的模型制作（图 3-26）。

（6）**步骤 6**：细部模型制作与素材模型导入拼合。

① 细部模型制作。在初步完成的模型基础上进一步制作其细部模型，丰富细节。

② 素材模型导入。当三维模型较为复杂时，可将分开制作的不同"细部模型"或其他模型素材导入设计模型。点击【文件】在下拉菜单中找到【插入】，点击右侧【文件夹】按钮，在弹出的窗口中找到素材模型，依次点击【打开】【确定】将其移动到空白区域，

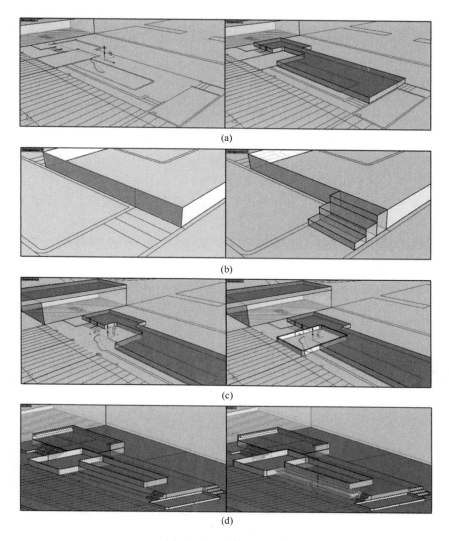

图 3-26　设计模型制作
（a）平台；（b）阶梯；（c）花台；（d）广场台阶坐凳

完成素材模型导入。

③ 模型拼合。选中导入素材模型，点击左侧工具栏【移动】命令，选择素材模型移动点及目标位置，将其与模型拼合，完成剩余模型搭建。

航摄模型可以展示真实的环境场景，因此可以选择使用【baodaogongyuan.obj】航摄模型替代【周边建筑】模型，以模拟更为真实的设计方案。

4. 图纸打印与模型导出

（1）**步骤 1**：生成四视图（俯视图、主视图、右视图、轴测图）。

① 生成四视图。在显示窗口框选中模型，点击【菜单栏】中的【尺寸标注】，在下拉菜单中找到并点击【建立 2D 图面】命令，在【投影】栏中选择设定【第三角投影】的投影选项，点击【确定】。此时系统会新建一个名为【Make 2D】的图层，并自动生成【模

型四视图】。

② 命名与尺寸标注。点击【菜单栏】中的【尺寸标注】，在下拉菜单中找到并点击【直线尺寸标注】命令。切换到【TOP】视图，按窗口提示对【模型四视图】进行标注。

③ 导出四视图。在【TOP】视图窗口中框选生成的【模型四视图】，点击【菜单栏】中的【文件】，在下拉菜单中找到并点击【导出选取物体】命令，选择"AutoCad drawing（∗dwg）"格式保存，并命名为【宝岛公园模型四视图.dwg】。

（2）**步骤 2**：生成剖面图。

① 生成剖面图。在【导航栏】中的【可见性】下找到并点击【新增截平面】命令，在提示窗口中点击【三点】选项，按提示布置截取平面，此时窗口会自动生成截平面【操作轴】，拖动【操作轴】可以实现对平面截取位置的移动及预览。

② 选择视图。在显示窗口中选择调整好自己想要导出的剖面的视图角度并框选模型，点击【菜单栏】中的【尺寸标注】，在下拉菜单中找到并点击【建立 2D 图面】命令，在【投影】栏中选择设定【视图】的投影选项，勾选【截平面交线】选项点击【确定】，系统自动生成【模型剖面图】。

③ 导出剖面图。在【TOP】视图窗口中框选生成的【模型剖面图】，点击【菜单栏】中的【文件】，在下拉菜单中找到并点击【导出选取物体】命令，选择"AutoCad drawing（∗dwg）"格式保存，并命名为【宝岛公园模型剖面图.dwg】（图 3-27）。

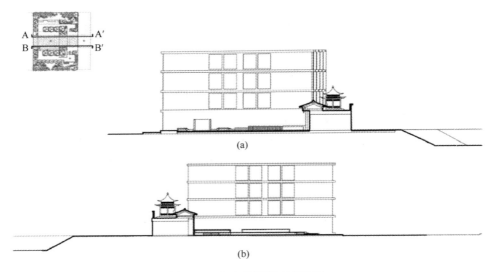

图 3-27　宝岛公园模型剖面图
（a）剖面图 A—A′；（b）剖面图 B—B′

（3）**步骤 3**："宝岛公园"设计图纸打印。

以"模型四视图"为例进行图纸打印。

① 打印设置。点击工具栏【文件】，在下拉菜单中找到并点击【打印】。此时会跳出打印设置选项窗口，可以对打印图纸尺寸、打印范围、视图与缩放比例、线型、线宽等进行设定。在【视图与输出缩放比栏】中选择【TOP】视图，并选择【框选范围】框选出打印范围，回车键确定。

② 选择保存位置。设定完成后点击右下角【打印】命令，选择保存位置，完成设计图纸的打印导出（图 3-28）。

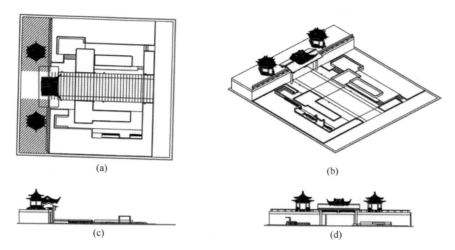

(a)　　　　　　　　　　　　　　　　(b)

(c)　　　　　　　　　　　　　　　　(d)

图 3-28　宝岛公园模型四视图

（a）俯视图；（b）轴测图；（c）右视图；（d）主视图

（4）**步骤 4**："宝岛公园"模型导出。

① 导出模型。在显示窗口按住鼠标左键框选需要导出的模型，点击工具栏中的【文件】，在下拉菜单中找到并点击【导出选取的物体】，命名并选择文件格式，保存到目标文件夹中，点击【保存】。

② 其他格式。在【保存类型】下拉菜单中可以选择保存文件格式。

3.4.2　三维模型优化

在三维建模过程中，三维模型优化是提升模型渲染表现的重要过程手段。三维模型的设计优化主要包括模型简化优化、模型场景搭建两部分。

1. 模型简化优化

模型的简化优化是对建成模型的进一步处理，通过对模型的清洗与隐藏、模型的简化等操作步骤，达到降低内存占用、提升运算速率与品质的目的。

（1）**步骤 1**：模型的隐藏与清洗。

① 隐藏不需要的模型。在【绘图窗口】中框选模型暂时不需要的部分，找到【导航栏】中的【可见性】，点击【隐藏物件】可以将选中的物件隐藏。

② 删除不必要的物体。在【绘图窗口】中框选模型暂时不需要的部分，按键盘【delete】键删除，或者在【指令提示栏】中输入【purge】命令，将模型中未使用的图块、群组、图层删除。

（2）**步骤 2**：模型的简化。

① 模型网格化。"Nurbs"曲面相比于"Mesh"网格精准度更高，但内存占用较多，因此可将模型中平面图形或是不重要的模型转换为"Mesh"网格。点击【菜单栏】中的【网格】，在下拉菜单中找到并点击【从 NURBS 物件】命令，再在【绘图窗口】中选择要

简化的物体。

② 网格设定。在跳出的弹窗中拖动滑轨设置【网格数量】，可根据需要自行调整设定，设定完成后点击【确定】，完成模型简化。

2. 场景搭建

在完成三维模型的构建和简化后，所构建的模型往往材质单一，缺乏表现力，无法直接用于渲染表现，因此需要进一步进行图层材质设定、素材代理模型置入等操作步骤来丰富模型场景的渲染表现。

1）图层材质设定

Rhino 中通过设定图层参数的方式为模型赋予材质及颜色，因此区分材质图层、设定材质参数、调整贴图参数能够呈现更好的模型渲染效果。

（1）**步骤 1**：图层设定。

① 建立模型一级图层。将模型按组成部分分为若干不同的一级图层。以宝岛公园为例，可将模型分为【铺砖】【墙体】【花台】等图层。

② 建立模型二级图层。若模型组件由多个部分构成或是模型材质复杂，可在一级图层的基础上设置二级图层，将不同材质部件重新归入新的二级图层中，以便于后续图层材质参数设定。

（2）**步骤 2**：材质设定。

① 材质导入：在【导航】栏找到【材质】，点击【+】添加材质。此时可以选择【从材质库导入】导入 Rhino 自带材质，亦可选择【更多类型】，点击【从文件导入】导入想要的材质文件。

② 材质设定：在【导航】栏找到【材质】，点击【+】，选择【自定义】，可自定义调整设置材质"颜色、光泽度、反射度"等参数（图 3-29）。

③ 材质赋予：在【导航】栏找到【材质】，将材质拖到模型上即可完成材质赋予。

（3）**步骤 3**：贴图设定。

① 贴图导入。在【导航】栏找到【贴图】，点击【+】导入贴图。此时同样可以选择

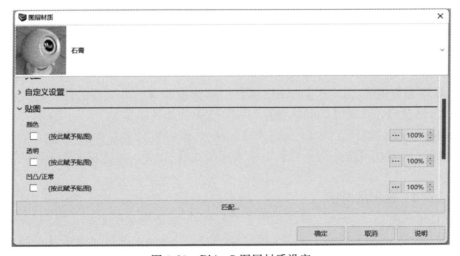

图 3-29　Rhino7 图层材质设定

直接导入 Rhino 预设贴图，或是点击【从贴图库导入】导入想要的贴图素材。

② 贴图选择及查看：在【贴图】栏下选中需要调整的贴图，下滑可查看贴图的具体参数信息及进行参数修改。

③ 贴图轴设定。找到并点击【贴图轴】，在该选项卡中可对贴图的【贴合形式】和【贴图坐标】进行调整。在贴图设置面板中可以选择材质赋予形式，例如曲面、平面、立方体、球体等。

在贴图设置面板【偏移】栏，可以调整贴图位置；【大小】栏，可以调整贴图大小比例；【旋转】栏，可以调整贴图方向。

④ 贴图赋予。在【导航】栏找到【贴图】，将想要的贴图拖到模型上即可为图层赋予贴图。

2）代理素材模型置入

Rhino 素材置入主要有素材模型直接置入及渲染插件素材库代理模型置入两种方式。素材模型直接导入较为简单，详见 3.3.1 三维模型构建流程的内容，可用于简单模型的导入，但当模型数量多、结构复杂时则不适用此种方式，例如植物素材的导入会占用大量内存而造成软件卡顿，此时选择加载代理素材模型是较为理想的方式。Enscape 代理素材模型导入方式如下：

（1）**步骤 1：**Enscape 素材库导入。

① 打开控制面板。点击菜单栏中【工具】下的【选项命令】，在【工具列】中勾选【Enscape】和【Enscape Capturing】，此时会弹出【Enscape】和【Enscape Capturing】工作窗口。

② 点击【Enscape】下图标打开素材库，点击【Enscape Asset】勾选【Offline Enscape Asset】，选择导入 Enscape 素材库，完成模型素材库导入（图 3-30）。

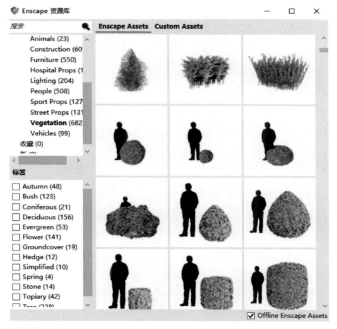

图 3-30　Enscape 素材库

（2）**步骤 2**：放置素材。

点击【Enscape】菜单栏中的【素材库】图标打开素材库。选择需要的模型素材，将其放置在模型上完成代理素材导入。

3.4.3　三维模型虚拟仿真呈现

建构优化后的三维模型可以通过 Enscape 进行场景漫游、效果图制作、视频制作，同时结合 VR 设备可以实现模型的真实漫游体验，实现三维模型的虚拟仿真呈现。

1. 场景漫游

（1）**步骤 1**：启动 Enscape。

点击【Enscape】菜单栏中的【启动 Enscape】图标，即可在单独窗口中打开【Enscape】界面。

（2）**步骤 2**：场景漫游。

① 按键盘的【H】键显示【漫游帮助】栏（图 3-31）。

图 3-31　Enscape 漫游帮助栏

② 根据【漫游帮助】栏中的提示信息，配合使用键盘和鼠标可以进行前后左右移动、视点移动等操作，实现设计模型的漫游。

③ 按键盘的空格键可以进行【飞行模式】与【步行模式】切换。

（3）**步骤 3**：VR 虚拟仿真。

借助 VR 设备可以在 Enscape 中进行实景漫游，在完成 VR 设备连接之后，点击【Enscape】下图标 启动 VR 程序，配合使用 VR 头盔、操作手柄可进行虚拟场景漫游。

2. 效果图制作

（1）**步骤 1**：设定拍照窗口。

① 选择视图。在 Enscape 渲染窗口中调整好需要拍摄的视图角度。

② 场景模式。按住键盘的【Shift】键和鼠标右键可以调整模型渲染时间场景，模拟不同时间模型情景。

（2）**步骤 2**：视觉设置。

① 渲染设置。点击【Enscape】菜单栏中的【视觉设置】图标，启动视觉设置面板。在【渲染设置】栏下可以选择调节模型渲染的轮廓线、曝光度、景深、焦点、视野及渲染质量（图 3-32）。

② 图像设置。通过【渲染设置】栏，可以调节导出图像的对比度、饱和度和效果。

③ 环境设置。可以设置模型场景，包括雾、光照度、地坪线、云层等。

④ 输出设置。可以设置输出图像大小尺寸、输出视频的分辨率、保存位置等。

（3）**步骤 3**：导出效果图。

点击【Enscape】菜单栏中的【屏幕快照】图标，选择保存路径格式并命名，完成效

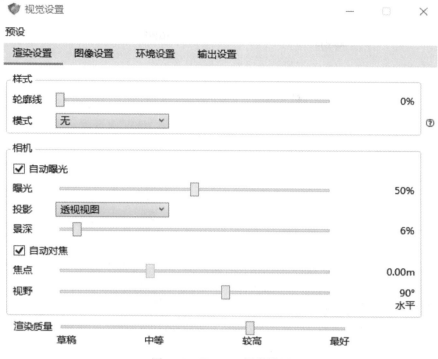

图 3-32　Enscape 视觉设置

果图导出（图 3-33）。

图 3-33　Enscape 效果图导出

3. 视频动画制作

（1）**步骤 1**：设定拍摄路线。

① 添加关键帧。点击【Enscape】菜单栏中的【视频编辑器】图标，切换到视频编辑

模式。调整视图，按键盘上【K】键添加若干关键帧，此时系统会根据关键帧的位置自动生成漫游路径，按键盘上【P】键可以进行预览。

② 效果设置。在渲染窗口下方【视频编辑】栏可以选择模型运动效果和动画持续时间。

（2）**步骤 2**：导出视频。

① 视觉设置。同照片导出的视觉设置，在视觉设置窗口设置好相关参数。

② 点击【Enscape】菜单栏中的【导出视频】图标，选择保存格式并命名，完成视频导出（图 3-34）。

最终的虚拟仿真规划设计模型如图 3-35 所示。

图 3-34　Enscape 视频导出

图 3-35　虚拟仿真规划设计模型

思 考 题

1. 无人机三维建模可应用于风景园林的哪些方面？
2. 简述利用三维模型进行风景园林设计的优势。

第4章

基于数字技术的景观规划

本章要点 🔍

1. 掌握基于不同出行成本的绿地服务范围分析方法。
2. 掌握可达性分析的原理及基础方法。
3. 掌握绿地或公共设施的选址分析方法。

4.1 概述

基于数字技术的景观规划主要依托数字技术进行宏观层面的分析，为风景园林规划提供客观的依据。例如，在省、市、县域等尺度国土空间总体规划中，通过"双评价"指导三区三线的划定、空间格局的优化，其中国土空间开发适宜性评价涉及生态保护重要性评价、城镇开发适宜性评价、农业生产适宜性评价，这三项评价依托土地、水、气候、环境、生态等数据，按照特定规则进行叠加分析，划分生态保护的重要性等级、城镇开发和农业生产的适宜性等级。规划层面的数字技术还包含通过景观视觉评价进行风景区的游线组织、通过要素叠加分析进行区域型绿道的选线、通过网络分析进行城市公园的服务范围及优化布局以及通过元胞自动机分析进行绿色空间的发展预测等。

本章以优化城市公园绿地的空间分布为主要内容，以城市中的部分公园绿地为对象，对其进行服务范围与可达性的分析，在此基础上进行新增绿地的选址分析。

为了方便实验开展，3个实验均选取同一个实验区域。本次实验范围为某市三环线以内的区域。实验工具主要为 ArcGIS 10.7。

4.2 公园绿地服务范围分析

4.2.1 服务范围概述

公园绿地服务范围是指以公园为中心向外辐射，在特定时间或距离内能够覆盖的区域，目前常用的公园绿地服务范围方法主要有缓冲区法、引力模型法、费用加权距离法、最小邻近距离法、网络分析法等。不同方法存在着各自的优劣性，例如缓冲区法往往将绿地视为一个点，做一定距离的圆形缓冲，或以公园边界为基准进行缓冲，然而，这样的方法未考虑人们进入公园过程中的人为或自然阻碍，与实际结果差距较大。

本次实验采用网络分析法，可称为基于道路网络的费用加权距离法的矢量版，或综合了进入公园过程中的障碍的缓冲区法。本书基于 GIS 网络分析（Network Analyst）进行出行范围评价，得到的服务范围可用于衡量公园绿地布局的均衡性。

4.2.2 实验简介

1. 实验数据

实验数据包括路网数据、公园绿地点数据、居住用地分布矢量数据（图 4-1），具体数据情况如表 4-1 所示。

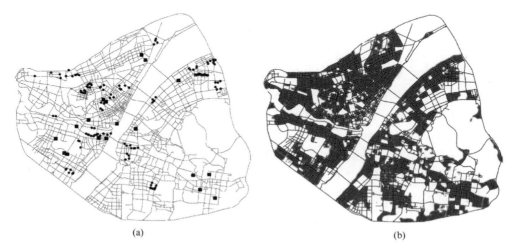

(a)   (b)

图 4-1 实验区路网、公园绿地点要素与居住用地分布
（a）公园绿地入口；（b）居住用地分布

公园绿地服务范围分析所需数据一览表   表 4-1

数据类型	数据名称	数据概述	数据的主要字段	备注
矢量数据	【路网】	实验区范围内一级、二级道路的线要素	【Shape_Length】	单位：m。表示各段道路的长度
	【大型绿地入口】	大型公园绿地的出入口点要素	【OBJECTID】	表示必选绿地的编号
			【绿地名称】	表示各个绿地的名称
	【中小型绿地中心】	中小型绿地的中心点要素	【OBJECTID】	表示候选绿地的编号
			【绿地名称】	表示各个绿地的名称
	【居住用地】	居住用地空间分布的面要素	—	居住用地的空间分布

路网数据来源于 OSM，本次实验仅采用一级与二级道路路网进行演示。下载实验区范围内的数据。初始路网数据为多线形式，即同一条道路由 2 条及以上线要素组成，需要在 GIS 中将其处理为单线形式。通过投影将其转换为投影坐标系，命名为【路网】。在数据存放文件夹下，构建【服务范围.gdb】文件地理数据库，在文件地理数据库下构建【服务范围】要素数据集，并将【路网】数据导入数据集。

公园绿地数据选取了实验区内的 18 个中小型绿地的中心点和 23 个大型绿地的入口

（共 127 个点）所组成的 145 个点要素，分别命名为【大型绿地入口】【中小型绿地中心】，存放于【服务范围.gdb】文件地理数据库中。

居住用地矢量数据来源于宫鹏教授团队的研究成果——中国的用地类型矢量数据，共分为居住、商业、公共管理等 11 类用地，通过【按属性选择】的方式，将属性表中的【Level 1】字段为 1 的数据（居住用地）提取出来，并通过【投影】工具将其转换为投影坐标系，将该数据命名为【居住用地】。

2. 实验方法简介

本实验基于 ArcGIS 的【Network Analyst】工具进行网络分析，该方法以道路网络为基础，按照某种交通方式（步行、骑行或车行）计算公园绿地在某一阻力值下的覆盖范围。一个网络由"中心""连接"和"节点"构成，公园绿地即为"中心"，面积较小的游园可直接以绿地的几何中心为"中心"，由于综合公园面积较大，以实际开放的出入口为"中心"，认为到达出入口即为进入公园，其服务范围由多个"中心"形成的服务范围叠加而成。道路交通网络即为"连接"，道路交叉口即为"节点"，此外，通过道路的时间或路程即为"阻力"。依据国家园林城市系列标准，对于大型公园一般设置 500m 服务半径，中小型公园设置 300m 服务半径，从而实现"300m 见绿、500m 见园"的目标。然而，为了方便实验开展，大型公园设置 2000m 服务半径，中小型公园设置 500m 服务半径。

4.2.3　数据准备

数据准备工作包含数据预处理与网络数据集的构建，可参考本书 2.5.2 部分的步骤 1、步骤 2。

4.2.4　服务范围分析

在数据准备的基础上，通过建立服务区生成服务范围，主要步骤如下：

（1）**步骤 1**：中小型绿地的服务范围分析。

① 在 ArcMap 菜单栏空白处点击右键，选择【Network Analyst】，弹出【Network Analyst】工具条。

② 点击工具条上的【Network Analyst】，在下拉菜单中选择【新建服务区（S）】，在【内容列表】弹出【服务区】图层。

③ 点击【Network Analyst】工具条上的【Network Analyst 窗口】，弹出【Network Analyst】面板。在面板中，右键点击【设施点（0）】，在弹出的对话框中选择【加载位置（L）…】，弹出【加载位置】窗口。在该窗口中，点击【加载自（L）】，在下拉条中选择【中小型绿地中心】，点击【确定】，【Network Analyst】面板中的【设施点（0）】则变成【设施点（18）】。

④ 点击【Network Analyst】面板右上角的【属性】按钮，弹出【图层属性】窗口。切换到【分析设置】选项卡，选择【阻抗】为【长度（m）】，并在下方的【默认中断】框中输入【500】，点击【确定】。

⑤ 点击【Network Analyst】工具条上的【求解】按钮，生成中小型绿地的 500m 服务范围，详见图 4-2（a）。

⑥ 在【内容列表】中，将【服务区.gdb】数据库中的【面】要素导出，保存为【服务范围 500m】。

（2）**步骤 2**：大型绿地的服务范围分析。

① 在上一步的基础上，在【Network Analyst】面板中将中小型绿地中心的设施点全部移除，并加载【大型绿地入口】作为设施点，【Network Analyst】面板中设施点数量变为 127。

② 点击【Network Analyst】面板右上角的【属性】按钮，弹出【图层属性】窗口。切换到【分析设置】选项卡，选择【阻抗】为【长度（m）】，并在下方的【默认中断】框中输入【2000】，点击【确定】。

③ 点击【Network Analyst】工具条上的【求解】按钮，生成大型绿地的 2000m 服务范围，见图 4-2（b）。

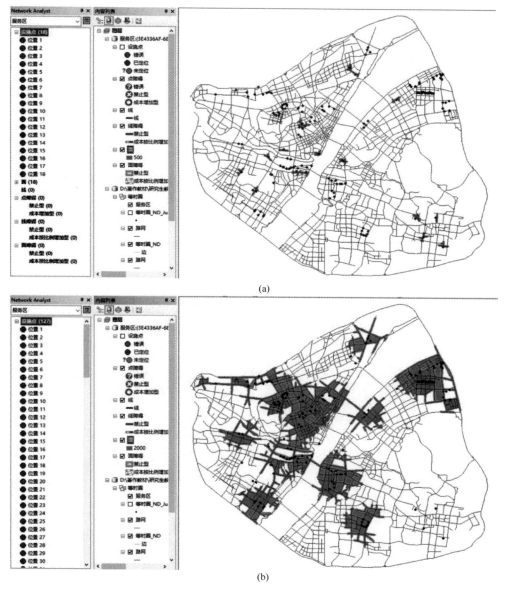

(a)

(b)

图 4-2　公园绿地服务范围

（a）中小型绿地；（b）大型绿地

④ 在【内容列表】中，将【服务区.gdb】数据库中的【面】要素导出，保存为【服务范围2000m】。

由图4-2可知，网络分析法得到的绿地服务范围为不规则形状，这是考虑到现实道路及周围的城市阻力的结果。与传统的圆形服务范围或以公园边界进行的缓冲区结果相比，该方法能覆盖的范围更贴合实际。然而，本实验仅将一、二级路网进行分析，因此也存在一些局限性，若将其余道路补充纳入，则得到的结果更加准确。

（3）**步骤3**：计算公园绿地服务半径覆盖率。

① 在菜单栏中，依次点击【地理处理（G）】【合并】，打开【合并】工具。

② 设置【输入数据集】为【服务范围2000m】【服务范围500m】，【输出数据集】为【服务范围合并】，点击【确定】将【服务范围2000m】【服务范围500m】进行合并。

③ 启动编辑，选中【服务范围合并】的所有要素，通过【编辑器】工具条中的【合并（G）…】将该数据的所有斑块进行合并，停止编辑并保存。

④【目录】面板中，浏览到【工具箱/系统工具箱/Analysis Tools.tbx/叠加分析/标识】，双击打开【标识】工具。

⑤ 设置【输入要素】为【居住用地】，【标识要素】为【服务范围合并】，【输出要素类】为【居住用地_服务范围】，点击【确定】可得到用服务范围标记的居住用地数据。

打开【居住用地_服务范围】属性表，【FID_服务范围合并】字段共有两类值，－1代表居住用地未被绿地服务范围覆盖的区域，1代表覆盖区域。通过【按属性选择】，筛选出【FID_服务范围合并】字段为1的斑块，并统计其总面积，结合居住用地的总面积，便可得到服务半径覆盖率。经计算，实验范围内纳入分析的40个绿地的服务半径覆盖率约为31.7%（图4-3）。

图4-3 公园绿地服务范围与居住用地叠加分析

上述分析是以出行距离作为出行成本进行的服务范围分析，还可以出行时间作为出行成本进行分析，差异在于服务区【分析设置】选项卡中【阻抗】与【默认中断】的设置，将其设置为时间相关的阻抗，以及出行的时间范围，即可得到以出行时间为成本的服务范围结果。

4.3　公园绿地可达性分析

4.3.1　可达性概述

可达性是居民克服距离、时间和费用等阻力到达一个服务设施或活动场所的愿望和能力的定量表达，是衡量城市服务设施空间布局合理性的一个重要标准。自 20 世纪 50 年代以来，可达性分析已被广泛运用于城市绿地等重要服务设施空间布局的合理性研究。可达性研究方法主要包括缓冲区分析法、网络分析法、最小邻近距离法、费用加权距离法、两步移动搜索法等。其中两步移动搜索法相较于其他方法而言，能得出更准确的可达性结果，因此近年来被越来越多地运用于公园绿地的研究，本次实验亦采用两步移动搜索法。

4.3.2　实验简介

1. 实验方法

本实验采用两步移动搜索法进行某城市三环线以内范围的公园绿地可达性分析。该方法分别以供给点和需求点为基础进行两次搜索。对于实验范围内的某个点，第一步，以供给点（例如公园绿地）为中心搜索其阈值范围内的需求点（例如居民人数），计算供需比；第二步，分别以需求点为中心搜索阈值范围内的供给点，将所有供给点的供需比加总得到该地点的可达性，计算公式如下：

$$R_j = S_j / \sum_{k \in \{d_{kj} \leqslant d_0\}} D_k \tag{4-1}$$

$$A_j = \sum_{j \in \{d_{ij} \leqslant d_0\}} R_j \tag{4-2}$$

式中　d_0——搜索范围；

　　k——在搜索范围内的需求点；

　　i——所有的需求点；

　　j——供给点；

　　R_j——供需比；

　　A_j——需求点 j 的可达性，其值越大，可达性越好；

　　S_j——供给总和；

　　d_{kj}——供给点 j 与需求点 k 之间的服务成本；

　　D_k——所有需求点（$d_{kj} \leqslant d_0$）需求总和；

　　d_{ij}——供给点 j 与需求点 i 之间的服务成本。

2. 实验数据

本次实验数据包括路网数据、公园绿地点数据、POI 数据（小区）、人口数据（图 4-4）。其中，路网数据与上一节的绿地服务范围分析一致。具体数据情况如表 4-2 所示。

公园绿地可达性分析所需数据一览表 表 4-2

数据类型	数据名称	数据概述	数据的主要字段/栅格像元 Value 值	备注
矢量数据	【路网】	实验区范围内一级、二级道路的线要素	【Shape_Length】	单位：m。表示各段道路的长度
	【绿地点】	大型公园绿地的出入口点要素，中小型绿地的中心点要素	【OBJECTID】	表示必选绿地的编号
			【绿地名称】	表示各个绿地的名称
			【绿地面积】	表示各个绿地的面积
			【d0】	表示绿地的服务半径
	【绿地】	大、中、小型绿地边界围合的面要素	【绿地面积】	表示各个绿地的面积
			【绿地名称】	表示各个绿地的名称
			【绿地类型】	分为大型绿地与中小型绿地两类
	【实验区住宅小区点】	实验区范围内小区的点要素	【小区人口】	单位：人。表示各个小区的人口，该人口数量是通过下列 100m 分辨率人口栅格数据得到的
栅格数据	【WH人口】	100m 分辨率的人口网格栅格数据	【人口数量】	单位：人。表示一个像元所包含的人口数量

POI 是带有地理坐标、地址等信息的数据。本次实验选取 2020 年高德地图的 POI 数据，按照类型可分为"汽车服务""购物服务""生活服务""住宿服务""商务住宅"等 23 个大类，在大类的基础上又细分为 267 个中类、869 个小类。考虑到使用绿地的需求点主要来源于住宅小区，本次实验的 POI 数据仅需住宅小区一类，因此选取"商务住宅"这一类 POI 数据进行分析。POI 数据的初始格式为 Excel，需将其转换为点要素的 Shapefile 格式，并筛选出实验区范围内的小区点要素，命名为【实验区住宅小区】。

人口数据来源于 WorldPop Population Counts 数据集，是 100m 空间分辨率的栅格数据，选取 2020 年的数据进行分析，通过按掩膜提取的方式提取出实验区范围的人口数据。如图 4-4（b）所示，除长江、湖泊等水域外，像元的颜色越浅，代表该像元的人口越多。

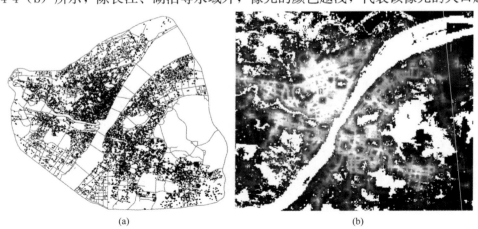

(a)　　　　　　　　　　(b)

图 4-4　实验区住宅小区点与人口分布

（a）住宅小区；（b）人口

4.3.3　数据准备

1. 公园绿地数据处理

公园绿地数据分为两类——面要素与点要素（图 4-5）。面要素数据以公园边界围合而成，需要为其添加【绿地类型】（分为大型绿地、中小型绿地）【绿地面积】【绿地名称】三个字段。点要素数据分为大型绿地（以公园入口点来衡量）与中小型绿地（以绿地中心点来衡量），将两类绿地点数据合并成一个数据【绿地点】。对于点数据，一共有 145 个点数据，自身拥有的字段包含【OBJECTID】，编号 1～145，其中，1～18 为中小型绿地，19～145 为大型绿地。需要添加双精度字段【d0】，表示搜索范围。大型绿地的【d0】设置为 2000，中小型绿地的【d0】设置为 500。其次，添加文本型字段【绿地名称】，并输入各个点所属的绿地名称。最后，添加双精度字段【绿地面积】，并通过【绿地名称】字段，将绿地面要素数据中的面积连接至点要素数据中。处理之后的【绿地点】属性表如图 4-5 所示。

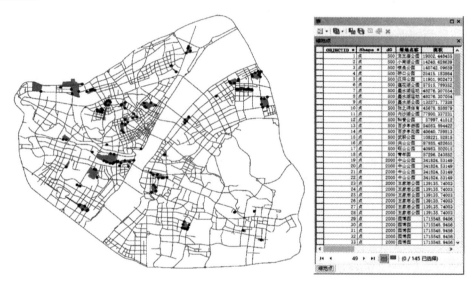

图 4-5　公园绿地数据及属性表

2. 住宅小区点与人口数据

将住宅小区点数据通过【投影】工具转换成投影坐标系，并添加该小区的人口数据于属性表的字段中。由于小区的准确人口数据获取不便，本书将小区点所落的 100m 分辨率人口数据的像元值提取至小区点数据上，通过【值提取至点】工具实现，将数据保存为【实验区住宅小区点】。通过分析，得到【实验区住宅小区点】的属性表中，人口所在字段名称为【RASTERVALU】。其中部分小区点的【RASTERVALU】字段值为"-999"，是由于这些小区点未落在人口栅格数据上，因此将这些点删除。为了方便理解，新建双精度字段【小区人口】，并通过字段计算器的方式，将【RASTERVALU】值复制到【小区人口】字段。其次，新建双精度字段【ID】，通过字段计算器进行赋值，以便小区点的编号可以从 1 开始按顺序编码。字段计算器的【解析程序】采用【Python】，并勾选【显示代码块】，在【预逻辑脚本代码：】框中输入下述代码，在【ID＝】框中输入 px（），点击

【确定】便可自动生成1、2、3等数字编号。

```
re＝0
def px（）：
global re
a＝1
b＝1
if（re ＝＝ 0）：
    re＝a
else：
    re＝re＋b
return re
```

3. 路网数据

路网数据需要构建网络数据集，构建方法参照第2章的等时圈分析部分。

4.3.4 基于两步移动搜索法的可达性分析

在数据准备的基础上，通过以下几个步骤进行可达性分析。

1. 从绿地供给的角度搜索需求点，计算供需比

（1）**步骤1**：绿地的搜索范围分析。

① 在ArcMap【目录】面板中，浏览到【工具箱/系统工具箱/Analysis Tools.tbx/邻域分析/缓冲区】，双击打开【缓冲区】工具。

② 设置【输入要素】为【绿地点】，【输出要素类】为【供给点搜索范围】，【距离［值或字段］】选择【字段】，并选择【d0】字段，【融合类型（可选）】选择【LIST】，【融合字段（可选）】勾选【绿地名称】，其他保持默认，点击【确定】生成两类绿地的缓冲区，以此作为绿地的搜索范围（图4-6）。

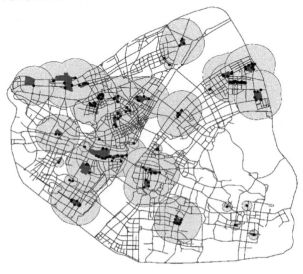

图4-6 绿地搜索范围

（2）**步骤 2**：计算搜索范围内的需求总量［用人口总量表示，即公式（4-1）的分母］。

① 在【目录】面板中，浏览到【工具箱/系统工具箱/Analysis Tools.tbx/叠加分析/空间连接】，双击打开【空间连接】工具。

② 设置【目标要素】为【供给点搜索范围】，【连接要素】为【实验区住宅小区点】，【输出要素类】为【需求总量】，在【连接要素的字段映射（可选）】中，右键依次点击【小区人口】【合并规则】【总和】。其他保持默认，点击【确定】对各个搜索范围内的人口数量进行求和（图 4-7）。

在生成的【需求总量】数据属性表中，代表人口总量的字段仍为【小区人口】。若有部分搜索范围的人口总量为空值，则需要将其设置为 0。

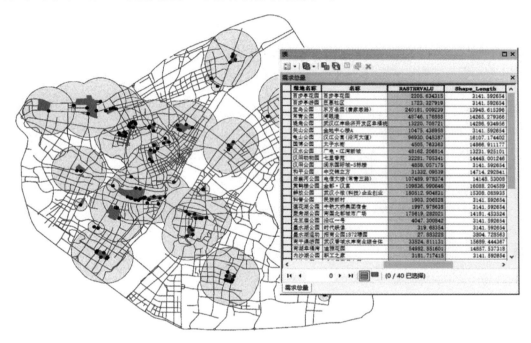

图 4-7　【需求总量】数据及其属性表

（3）**步骤 3**：将需求总量连接至供给点数据（【绿地点】数据）中。

① 打开【需求总量】【绿地点】两张属性表，这两张属性表可以通过【绿地名称】字段进行连接。

② 点击【绿地点】属性表的左上角【表选项】，依次选择【连接和关联】【连接】，弹出【连接数据】窗口。

③ 设置【选择该图层中连接将基于的字段（C）】为【绿地名称】，【选择要连接到此图层的表…】为【需求总量】，【选择此表中要作为连接基础的字段（F）】为【绿地名称】，点击【确定】完成数据连接。

④ 在【绿地点】属性表中新建双精度字段【需求总量】，通过字段计算器赋值的方式为其赋值，输入公式【［需求总量．人口］】，点击【确定】将【需求总量】数据中的需求总量数据复制到新建的字段中。

⑤ 点击【绿地点】属性表的左上角【表选项】，依次选择【连接和关联】【移除连接】

【移除所有连接（R）】，移除【绿地点】与【需求总量】的连接。

（4）**步骤 4**：计算供需比［即公式（4-1）的 R_j］。

在【绿地点】属性表中新建双精度字段【Rj】，通过字段计算器的方式进行计算，输入公式【［绿地面积］/［需求总量］】，点击【确定】进行计算（图 4-8）。

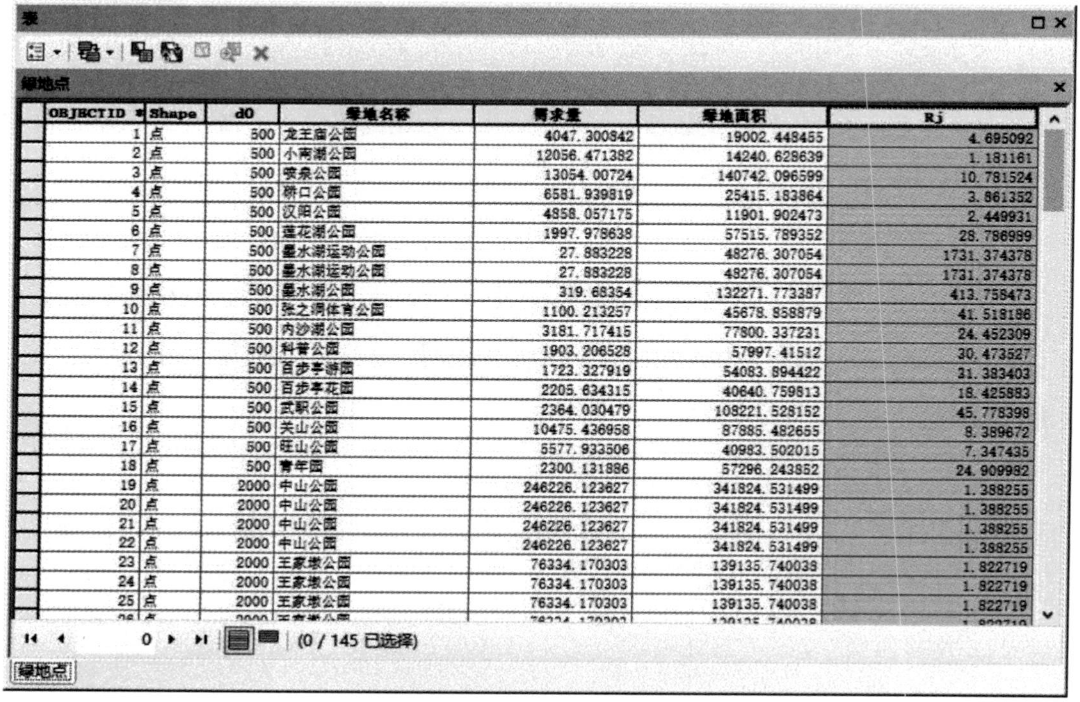

OBJECTID	Shape	d0	绿地名称	需求量	绿地面积	Rj
1	点	500	龙王庙公园	4047.300842	19002.448455	4.695092
2	点	500	小南湖公园	12056.471382	14240.628639	1.181161
3	点	500	莹泉公园	13054.00724	140742.096599	10.781524
4	点	500	硚口公园	6581.939819	25415.183864	3.861352
5	点	500	汉阳公园	4858.057175	11901.902473	2.449931
6	点	500	莲花湖公园	1997.978638	57515.789352	28.796999
7	点	500	墨水湖运动公园	27.883228	48276.307054	1731.374378
8	点	500	墨水湖运动公园	27.883228	48276.307054	1731.374378
9	点	500	墨水湖公园	319.68354	132271.773387	413.758473
10	点	500	张之洞体育公园	1100.213257	45678.858879	41.518196
11	点	500	内沙湖公园	3181.717415	77800.337231	24.452309
12	点	500	科普公园	1903.206528	57997.41512	30.473527
13	点	500	百步亭游园	1723.327919	54083.894422	31.383403
14	点	500	百步亭花园	2205.634315	40640.759813	18.425883
15	点	500	武职公园	2364.030479	108221.528152	45.778398
16	点	500	关山公园	10475.436958	87885.482655	8.389672
17	点	500	旺山公园	5577.933506	40983.502015	7.347435
18	点	500	青年园	2300.131886	57296.243852	24.909992
19	点	2000	中山公园	246226.123627	341824.531499	1.388255
20	点	2000	中山公园	246226.123627	341824.531499	1.388255
21	点	2000	中山公园	246226.123627	341824.531499	1.388255
22	点	2000	中山公园	246226.123627	341824.531499	1.388255
23	点	2000	王家墩公园	76334.170303	139135.740038	1.822719
24	点	2000	王家墩公园	76334.170303	139135.740038	1.822719
25	点	2000	王家墩公园	76334.170303	139135.740038	1.822719

图 4-8　【绿地点】数据属性表的供需比"Rj"字段

（5）**步骤 5**：对同一个绿地的多个出入口的供需比 R_j 进行融合。

① 在【目录】面板中，浏览到【工具箱/系统工具箱/Data Management Tools.tbx/制图综合/融合】，双击打开【融合】工具。

② 设置【输入要素】为【绿地点】，【输出要素类为】为【绿地点_融合】，【融合_字段（可选）】勾选【绿地名称】，【统计字段】选择【Rj】，并在下方的【统计类型】中选择【MEAN】，点击【确定】完成融合。

打开融合的结果【绿地点_融合】属性表，发现所有相同绿地名称的记录都被合并，145 个绿地点被融合成 40 条记录，并生成字段【MEAN_Rj】，该字段与【绿地点】数据的 R_j 保持一致。

2. 从小区需求的角度搜索供给点，并计算可达性

（1）**步骤 1**：小区的搜索范围分析。

① 在 ArcMap【目录】面板中，浏览到【工具箱/系统工具箱/Analysis Tools.tbx/邻域分析/缓冲区】，双击打开【缓冲区】工具。

② 设置【输入要素】为【实验区住宅小区点】，【输出要素类】为【需求点搜索范

围】，【距离［值或字段］】在【线性单位】中输入【1000】①，单位为【米】，其他保持默认，点击【确定】生成小区的缓冲区，以此作为小区的搜索范围（图 4-9）。

（2）**步骤 2**：计算搜索范围内的供需比总和［即公式（4-1）的 A_i］。

① 在【目录】面板中，浏览到【工具箱/系统工具箱/Analysis Tools. tbx/叠加分析/空间连接】，双击打开【空间连接】工具。

② 设置【目标要素】为【需求点搜索范围】，【连接要素】为【绿地点 _ 融合】，【输出要素类】为【Ai】，在【连接要素的字段映射（可选）】中，右键依次点击【MEAN _ Rj】【合并规则】【总和】。其他保持默认，点击【确定】对各个搜索范围内的绿地供需比总量进行求和。

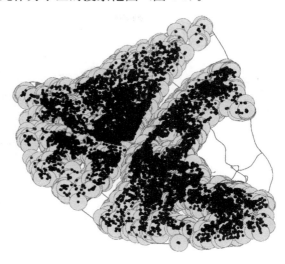

图 4-9　小区搜索范围

在生成的【Ai】数据属性表中，代表供需比总和的字段仍为【MEAN _ Rj】。若有部分搜索范围的供需比总和为空值，则需要将其设置为 0。

（3）**步骤 3**：将供需比总和 A_i 连接至需求点数据（【实验区住宅小区点】数据）中。

① 打开【Ai】【实验区住宅小区点】两张属性表，这两张属性表可以通过【名称】字段进行连接。

② 点击【实验区住宅小区点】属性表的左上角【表选项】，依次选择【连接和关联】【连接】，弹出【连接数据】窗口。

③ 设置【选择该图层中连接将基于的字段（C）】为【名称】，【选择要连接到此图层的表…】为【Ai】，【选择此表中要作为连接基础的字段（F）】为【名称】，点击【确定】完成数据连接。

④ 在【实验区住宅小区点】属性表中新建双精度字段【Ai】，通过字段计算器赋值的方式为其赋值，输入公式【［Ai. MEAN _ Rj］】，点击【确定】将【Ai】数据中的需求总量数据复制到新建的字段中。

⑤ 点击【实验区住宅小区点】属性表的左上角【表选项】，依次选择【连接和关联】【移除连接】【移除所有连接（R）】，移除【实验区住宅小区点】与【Ai】的连接。

【实验区住宅小区点】的【Ai】字段代表该点的可达性程度，值越大，可达性越好。对该数据进行基于【Ai】字段的符号化显示，结果如图 4-10 所示。图中点的大小越大，代表其可达性越好。然而，部分点未填充颜色，点代表其可达性为 0，是由于这些小区 1000m 范围内未搜索到任何公园绿地的出入口。究其根本，是由于本次实验所选取的绿地并不全面造成的，本实验当前仅选取了 40 个绿地进行分析。在实际研究中，只要实验

————————

① 搜索距离设置为 1000m 的原因是考虑到人们的步行可接受范围为 1000m 以内，也可以从时间成本的角度出发，按照步行可接受的时间（例如 15 分钟内），以成年人平均可步行的距离作为搜索距离。

数据足够精确，是能够生成更加贴近实际情况的可达性分析结果。

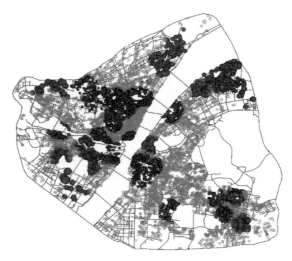

图 4-10   居住小区点的可达性

进一步地，可通过空间插值法，生成覆盖全域的可达性图。本实验采用克里金插值法，结果如图 4-11 所示，颜色越浅的区域可达性越高。

图 4-11   实验区范围内的可达性

上述的实验分析还存在较多的不足之处，例如：①用于实验的人口数据并非来自小区的人口调查，而是采用 100m 网格的人口数据，存在一定的误差；②在进行供给点与需求点的搜索范围分析时，未考虑路网的阻力，即人们从小区出发，在 1000m 范围内能够到达的公园，相较于简单地进行小区点的缓冲区分析，在纳入实际道路之后，其结果会有所差异；③小区居民在去往公园的过程中，公园对于居民的吸引力并非呈线性关系，存在一定的衰减影响，因此可以纳入衰减函数。除此之外，还包含其他因素。因此，在研究领域，往往会应用一些改进的两步移动搜索法进行可达性分析。

4.3.5　基于改进的两步移动搜索法的可达性分析

　　本节在上节的基础上，纳入路网阻力与衰减函数，进行可达性分析。路网阻力可以参考本章"4.2 公园绿地服务范围分析"的结果，将大型公园绿地 2000m 服务范围、中小型公园绿地 500m 服务范围与上一节进行的缓冲区分析结果进行叠加，结果如图 4-12 所示。考虑道路对出行的影响，其实际的服务范围为不规则区域（图中深色区域），且面积均小于缓冲区。本节将以此代替上一节的缓冲区法进行供给点、需求点的两次搜索。衰减函数采用高斯衰减函数，该函数的衰减趋势表现为，随着距离的增加，绿地对居民的吸引力呈现"缓慢下降——急速下降——趋于平缓"的状态，在绿地的可达性研究中较为适用。由于本实验采用的人口数据为 100m 网格数据，因此在考虑衰减函数时，在各个小区的需求量与供需比总量的计算上均需纳入该公式，改进后的可达性计算公式如下：

图 4-12　网络分析法与缓冲区法的搜索范围对比

$$R'_j = S_j / \sum_{k \in \{d_{kj} \leqslant d_0\}} G(d_{kj}, d_0) D_k \tag{4-3}$$

$$G(d_{kj}, d_0) = \begin{cases} \dfrac{e^{\frac{1}{2} \times (\frac{d_{kj}}{d_0})^2} - e^{\frac{1}{2}}}{1 - e^{-\frac{1}{2}}}, & \text{if} \quad d_{kj} \leqslant d_0 \\ 0, & \text{if} \quad d_{kj} > d_0 \end{cases} \tag{4-4}$$

$$A'_j = \sum_{i \in \{d_{ij} \leqslant d_0\}} G(d_{kj}, d_0) R'_j \tag{4-5}$$

式中　d_0——搜索范围；

　　　　k——在搜索范围内的需求点；

　　　　i——所有的需求点；

　　　　j——供给点；

R'_j——小区人口经过衰减函数计算之后的供需比；

A'_j——经过衰减函数计算之后需求点 j 的可达性，其值越大，可达性越好；

S_j——供给总和；

d_{kj}——供给点 j 与需求点 k 之间的服务成本；

D_k——所有需求点（$d_{kj} \leqslant d_0$）需求总和；

d_{ij}——供给点 j 与需求点 i 之间的服务成本；

$G(d_{kj}, d_0)$——高斯衰减函数。

由于本节是建立在上一节的基础上的，数据属性表中首次出现的一些字段若未找到来源，可在上一节找到相应的分析过程。

1. 以道路网络为出行成本，初步构建绿地至小区点的 OD 成本矩阵

（1）**步骤 1**：建立网络数据集。

可参考第 2 章 "2.5.2 路网数据的应用" 等时圈分析的步骤 2。若未建立网络数据集，则无法进行下一步，其工具呈灰色且不可用。

（2）**步骤 2**：新建绿地 OD 成本矩阵。

① 点击工具条上的【Network Analyst】，在下拉菜单中选择【新建 OD 成本矩阵（M）】，随即在【内容列表】弹出【OD 成本矩阵】图层。

② 点击【Network Analyst】工具条上的【Network Analyst 窗口】，弹出【Network Analyst】面板。在面板中，右键点击【起始点（0）】，在弹出的对话框中选择【加载位置（L）…】，弹出【加载位置】窗口。在该窗口中，点击【加载自（L）】，在下拉条中选择【绿地点】，【排序字段（O）】选择【OBJECTID】，点击【确定】，【Network Analyst】面板中的【起始点（0）】则变成【起始点（145）】。

③ 在【Network Analyst】面板中，右键点击【目的地点（0）】，在弹出的对话框中选择【加载位置（L）…】，弹出【加载位置】窗口。在该窗口中，点击【加载自（L）】，在下拉条中选择【实验区住宅小区点】，【排序字段（O）】选择【ID】，点击【确定】，【Network Analyst】面板中的【起始点（0）】则变成【起始点（10928）】，说明一共有10928 个小区点。

④ 点击【Network Analyst】面板右上角的【属性】按钮，弹出【图层属性】窗口。切换到【分析设置】选项卡，选择【阻抗】为【长度（米）】，并在下方的【默认中断值（C）】框中输入【2000】[①]，点击【确定】。

⑤ 点击【Network Analyst】工具条上的【求解】按钮，生成 OD 成本矩阵。该结果主要为线要素，位于【内容列表】中的【OD 成本矩阵】图层中。

⑥ 右键点击上述的线要素图层，将其导出为【绿地 OD 矩阵】（图 4-13）。该数据代表从公园出发，通过路网 2000m 范围内可覆盖的小区点。

如图 4-14 所示，【绿地 OD 矩阵】属性表中包含若干个字段。【Name】字段的【位置A － 位置 B】代表从绿地点至小区点，A 代表绿地点的【OBJECTID】编号，B 代表小区点的【ID】编号。【OriginID】即为 A，【DestinationID】即为 B，【Total ＿ 长度】是指从绿地点出发沿着道路至小区的距离，【Shape ＿ Length】则是 A、B 之间的直线距离。

---

① 上述【默认中断值（C）】设置为 2000，取自大型公园绿地的服务范围 2000m。

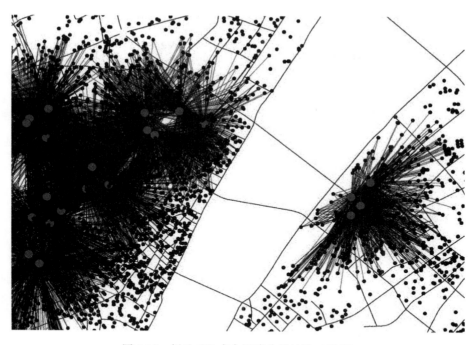

图 4-13　绿地 OD 成本矩阵分析结果（局部）

OBJECTID *	Shape *	Name	OriginID	DestinationID	DestinationRank	Total_长度	Shape_Length
10	折线	位置 1 - 位置 5103	1	5103	10	300.841796	257.762814
11	折线	位置 1 - 位置 5124	1	5124	11	354.661404	304.110503
12	折线	位置 1 - 位置 5121	1	5121	12	397.117449	416.714538
13	折线	位置 1 - 位置 5132	1	5132	13	427.598653	427.855848
14	折线	位置 1 - 位置 5110	1	5110	14	429.355836	439.193541
15	折线	位置 1 - 位置 5108	1	5108	15	467.362898	361.121332
16	折线	位置 1 - 位置 5127	1	5127	16	467.893441	483.967577
17	折线	位置 1 - 位置 5112	1	5112	17	474.282102	359.87851
18	折线	位置 1 - 位置 5099	1	5099	18	514.090515	219.965105
19	折线	位置 1 - 位置 5126	1	5126	19	514.329703	464.521465
20	折线	位置 1 - 位置 5133	1	5133	20	514.372267	244.913678
21	折线	位置 1 - 位置 5134	1	5134	21	524.827518	493.757082
22	折线	位置 1 - 位置 5105	1	5105	22	539.300944	363.163097
23	折线	位置 1 - 位置 5114	1	5114	23	544.52043	247.203044
24	折线	位置 1 - 位置 5145	1	5145	24	546.010653	502.20233
25	折线	位置 1 - 位置 5107	1	5107	25	551.949436	482.323929
26	折线	位置 1 - 位置 5140	1	5140	26	575.492564	531.22091
27	折线	位置 1 - 位置 5141	1	5141	27	575.492564	531.22091
28	折线	位置 1 - 位置 5095	1	5095	28	581.719621	554.13962
29	折线	位置 1 - 位置 5104	1	5104	29	591.511691	427.896735
30	折线	位置 1 - 位置 5149	1	5149	30	602.280136	550.212826
31	折线	位置 1 - 位置 5152	1	5152	31	612.816908	605.449694
32	折线	位置 1 - 位置 5098	1	5098	32	614.820497	377.905451
33	折线	位置 1 - 位置 5139	1	5139	33	626.995944	603.987757
34	折线	位置 1 - 位置 5146	1	5146	34	630.938308	382.223848
35	折线	位置 1 - 位置 5144	1	5144	35	632.600621	395.019277
36	折线	位置 1 - 位置 5076	1	5076	36	632.722483	630.627464

（0 / 32068 已选择）

绿地OD矩阵

图 4-14　【绿地 OD 矩阵】属性表

2. 对绿地 OD 成本矩阵进行修正，并纳入衰减函数计算需求总量 [即公式（4-3）的 R'_j]

由于中小型绿地的服务范围为 500m，所以需要将中小型绿地点连接的小区点超过 500m 的线删除。对于大型绿地，可能存在同一个小区与同一个绿地的多个入口点相连，会导致在计算该公园的服务范围时，该小区重复计算。因此对于该小区，仅需保留与该公园距离最近的入口点的连线。

（1）**步骤 1**：绿地的服务人口计算，中小型绿地删除超过 500m 的线要素。

① 打开【绿地 OD 矩阵】属性表，新建双精度字段【人口】与【衰减人口】。

② 将【实验区住宅小区点】的属性表连接至【绿地 OD 矩阵】中，两个属性表的连接字段分别为【ID】【DestinationID】，并通过字段计算器的方式，将【实验区住宅小区点】属性表中代表人口的字段值【小区人口】复制到【绿地 OD 矩阵】属性表中的【人口】字段，随后移除连接。

③通过【按属性选择】，输入公式【OriginID≤18 AND Total＿长度＞500】，筛选出中小型绿地且其服务范围超过 500m 的线要素，并将其删除。

（2）**步骤 2**：计算各条线要素的人口衰减值。

① 对于中小型绿地，通过【按属性选择】，筛选出【OriginID】在 1～18（中小型绿地的编号）的线要素，并通过字段计算器的方式对【衰减人口】字段进行赋值，输入的公式为公式（4-4）的高斯函数乘以【人口】字段中的人口数量，公式如图 4-15（a）所示。

② 计算之后的【衰减人口】字段的数值会依据小区点距离绿地出入口的道路距离以及高斯函数的曲线变化规划进行调整，见图 4-15（b）。

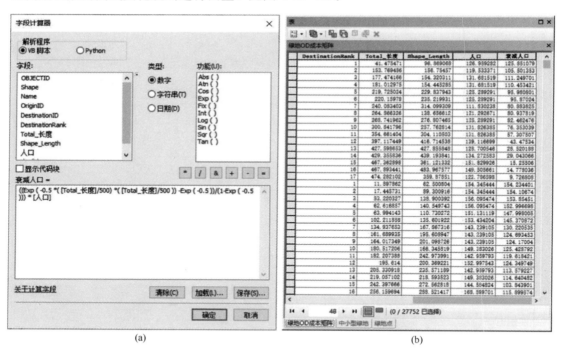

(a)　　　　　　　　　　　　(b)

图 4-15　中小型绿地衰减人口的计算

（a）中小型绿地衰减人口计算公式；（b）衰减函数计算之后的人口需求量

③ 对于大型绿地，通过【按属性选择】，筛选出【OriginID】≥19（大型绿地的编号）的线要素，并通过字段计算器的方式对【衰减人口】字段进行赋值。输入的公式类似于图 4-15（a）中的公式，但需注意的是要将公式中的 500 改为 2000，代表大型绿地的服

务范围。

（3）**步骤 3**：计算需求总量。

在计算各个绿地的需求总量时，可从小区点、衰减人口、绿地名称 3 个层面进行考虑。同一个绿地的多个出入口可能连接着同一个小区点，仅需选择离小区点最近的绿地出入口。选择最近出入口的依据可通过衰减人口来衡量，衰减人口值越大，则小区点离绿地出入口越近。因此，可通过【融合】工具，实现上述分析。

① 在【目录】面板中，浏览到【工具箱/系统工具箱/Data Management Tools. tbx/制图综合/融合】，双击打开【融合】工具。

② 设置【输入要素】为【绿地 OD 成本矩阵】，【输出要素类】为【绿地 OD 成本矩阵修正】，在【融合 _ 字段（可选）】中勾选【DestinationID】【绿地名称】，【统计字段（可选）】选中【衰减人口】，并在其下方的【统计类型】中选择【MAX】，点击【确定】，便可筛选出小区点距离同一个绿地最近的出入口及其衰减人口。

融合之后的【绿地 OD 成本矩阵修正】属性表中包含【DestinationID】【绿地名称】【MAX _ 衰减人口】等字段，满足本步骤提出的分析要求。

右键点击【绿地 OD 成本矩阵修正】属性表中的【绿地名称】字段，点击【汇总（S）…】，弹出【汇总】设置窗口。在【汇总统计信息（S）:】中勾选【MAX _ 衰减人口】的总和，将结果输出为【衰减人口总量】，即可得到每个绿地经过衰减函数计算之后的人口总量。

【衰减人口总量】属性表中包含【绿地名称】【Count _ 绿地名称】【Sum _ MAX _ 衰减人口】等字段，【Count _ 绿地名称】表示同一个绿地名称出现的次数，【Sum _ MAX _ 衰减人口】表示一个绿地所服务的所有小区点经衰减函数计算之后的人口总量。

（4）**步骤 4**：将上述衰减总量连接至【绿地点】数据中。

① 打开【绿地点】属性表，新建双精度【衰减人口】字段。

② 将【衰减人口总量】属性表连接至【绿地点】中，连接字段均为【绿地名称】，并利用字段计算器的方式将【衰减人口总量】属性表的【Sum _ MAX _ 衰减人口】字段复制到【绿地点】属性表的【衰减人口】字段中。

（5）**步骤 5**：计算供需比总量。

在【绿地点】属性表中新建双精度字段【Rj'】，并通过字段计算器的方式为其赋值。计算公式为【［绿地面积］/［需求总量］】，点击【确定】进行计算。

3. 从小区需求的角度搜索供给点，并计算可达性

（1）**步骤 1**：新建小区 OD 成本矩阵。

① 点击工具条上的【Network Analyst】，在下拉菜单中选择【新建 OD 成本矩阵（M）】，随即在【内容列表】弹出【OD 成本矩阵】图层。

② 点击【Network Analyst】工具条上的【Network Analyst 窗口】，弹出【Network Analyst】面板。在面板中，右键点击【起始点（0）】，在弹出的对话框中选择【加载位置（L）…】，弹出【加载位置】窗口。在该窗口中，点击【加载自（L）】，在下拉条中选择【实验区住宅小区点】，【排序字段（O）】选择【ID】，点击【确定】，【Network Analyst】面板中的【起始点（0）】则变成【起始点（10928）】。

③ 在【Network Analyst】面板中，右键点击【目的地点（0）】，在弹出的对话框中

选择【加载位置（L）…】，弹出【加载位置】窗口。在该窗口中，点击【加载自（L）】，在下拉条中选择【绿地点】，【排序字段（O）】选择【OBJECTID】，点击【确定】，【Network Analyst】面板中的【起始点（0）】则变成【起始点（145）】。

④ 点击【Network Analyst】面板右上角的【属性】按钮，弹出【图层属性】窗口。切换到【分析设置】选项卡，选择【阻抗】为【长度（米）】，并在下方的【默认中断值（C）】框中输入【1000】[①]，点击【确定】。

⑤ 点击【Network Analyst】工具条上的【求解】按钮，生成 OD 成本矩阵。在运行结束时，若弹出提示对话框，这是由于部分小区点通过 1000m 路网搜索，没有可以到达的绿地出入口，属于正常现象。

⑥ 该结果主要为线要素，位于【图层】中的【OD 成本矩阵】中。右键点击上述的线要素图层，将其导出为【小区 OD 矩阵】（图 4-16）。该数据代表从小区点出发，通过路网 1000m 范围内可覆盖的绿地出入口点。

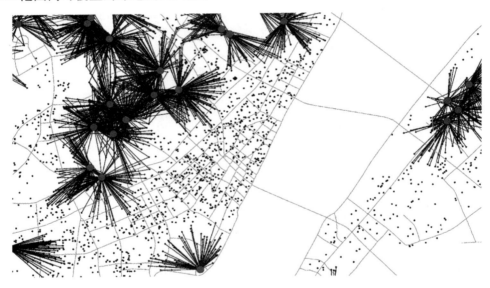

图 4-16　小区 OD 成本矩阵分析结果（局部）

如图 4-17 所示，【小区 OD 矩阵】属性表中包含若干个字段。【Name】字段的【位置 A － 位置 B】代表从小区点至绿地点，A 代表小区点的【ID】编号，B 代表绿地出入口点的【OBJECTID】编号。【OriginID】即为 A，【DestinationID】即为 B，【Total_长度】是指从小区点出发沿着道路至绿地出入口的距离，【Shape_Length】则是 A、B 之间的直线距离。

（2）**步骤 2**：将【绿地点】数据的【Rj'】字段添加至小区 OD 成本矩阵中。

打开【小区 OD 成本矩阵】属性表，新建双精度字段【Rj'】与文本型字段【绿地名称】。

---

① 上述【默认中断值（C）】设置为 1000 是考虑到人们的步行可接受范围为 1000m 以内，也可以从时间成本的角度出发，按照步行可接受的时间内（例如 15 分钟），以成年人平均可步行的距离作为搜索距离。

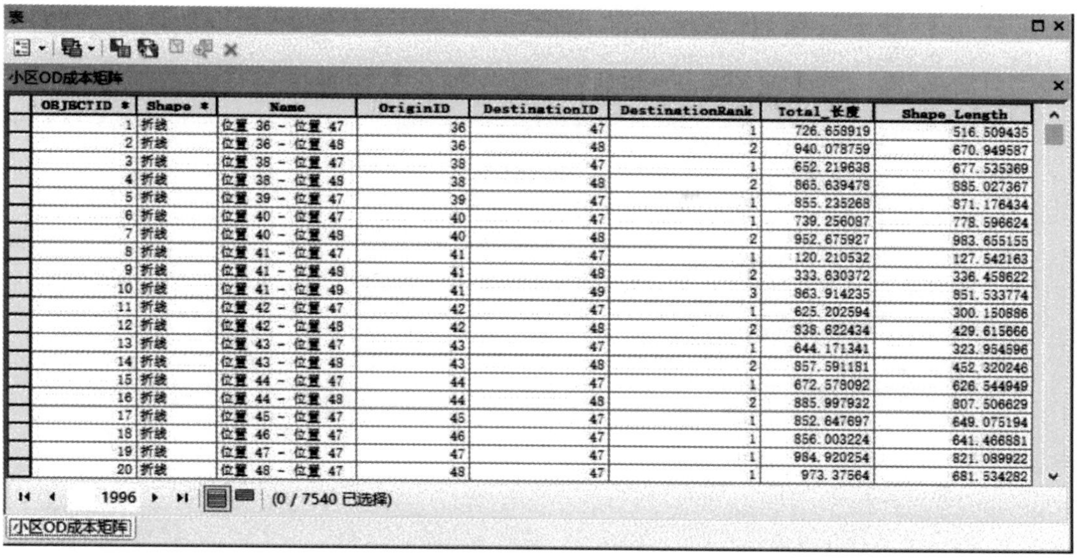

OBJECTID *	Shape *	Name	OriginID	DestinationID	DestinationRank	Total_长度	Shape_Length
1	折线	位置 36 - 位置 47	36	47	1	726.658919	516.509435
2	折线	位置 36 - 位置 48	36	48	2	940.078759	670.949587
3	折线	位置 38 - 位置 47	38	47	1	652.219638	677.535369
4	折线	位置 38 - 位置 48	38	48	2	865.639478	885.027367
5	折线	位置 39 - 位置 47	39	47	1	855.235268	871.176434
6	折线	位置 40 - 位置 47	40	47	1	739.256087	778.596624
7	折线	位置 40 - 位置 48	40	48	2	952.675927	983.655155
8	折线	位置 41 - 位置 47	41	47	1	120.210532	127.542163
9	折线	位置 41 - 位置 48	41	48	2	333.630372	336.458622
10	折线	位置 41 - 位置 49	41	49	3	863.914235	851.533774
11	折线	位置 42 - 位置 47	42	47	1	625.202594	300.150886
12	折线	位置 42 - 位置 48	42	48	2	838.622434	429.615666
13	折线	位置 43 - 位置 47	43	47	1	644.171341	323.954596
14	折线	位置 43 - 位置 48	43	48	2	857.591181	452.320246
15	折线	位置 44 - 位置 47	44	47	1	672.578092	626.544949
16	折线	位置 44 - 位置 48	44	48	2	885.997932	807.506629
17	折线	位置 45 - 位置 47	45	47	1	852.647697	649.075194
18	折线	位置 46 - 位置 47	46	47	1	856.003224	641.466881
19	折线	位置 47 - 位置 47	47	47	1	984.920254	821.089922
20	折线	位置 48 - 位置 47	48	47	1	973.37564	681.534282

图 4-17　【小区 OD 矩阵】属性表

将【绿地点】属性表连接至【小区 OD 成本矩阵】属性表中，连接字段分别为【OBJECTID】【DestinationID】。通过字段计算器的方式，将【绿地点】的【Rj'】【绿地名称】两个字段值分别复制到【小区 OD 成本矩阵】的【Rj'】【绿地名称】字段中。

（3）**步骤 3**：计算 *Rj'* 的衰减值［即公式（4-5）中求和符号内的部分］。

在【小区 OD 成本矩阵】属性表中新建双精度字段【衰减 Rj'】，并通过字段计算器的方式为其赋值，计算公式为公式（4-4）的高斯函数乘以【*Rj'*】字段，其中，d_0 取 1000，d_{kj} 为【Total _ 长度】字段值（图 4-18）。

（4）**步骤 4**：对小区 OD 成本矩阵进行修正。

由于同一个小区点可能存在与同一个绿地的多个入口点相连的情况，会导致在该小区点的搜索范围内，绿地出入口重复计算。因此对于该绿地，仅需保留与该小区距离最近的入口点的连线。

在具体分析时，可从小区点编号、衰减 *Rj'*、绿地名称 3 个层面进行考虑。同一个小区点连接至不同的绿地出入口，当出入口属于同一个绿地时，则仅需选择道路距离最近的出入口；当出入口属于不同绿地时，则需选择不同绿地各自最近的出入口，选择最近出入口的依据可通过衰减 *Rj'* 来衡量，衰减 *Rj'* 越大，则小区点离绿地出入口越近。可通过【融合】工具，实现上述分析。

① 在【目录】面板中，浏览到【工具箱/系统工具箱/Data Management Tools. tbx/制图综合/融合】，双击打开【融合】工具。

② 设置【输入要素】为【小区 OD 成本矩阵】，【输出要素类】为【小区 OD 成本矩阵修正】，在【融合 _ 字段（可选）】中勾选【OriginID】【绿地名称】，【统计字段（可选）】选中【衰减 Rj'】，并在其下方的【统计类型】中选择【MAX】，点击【确定】便可筛选出同一个小区点到达的最近绿地的出入口，及其衰减 *Rj'* 值。

融合之后的【小区 OD 成本矩阵修正】属性表中包含【OriginID】【绿地名称】

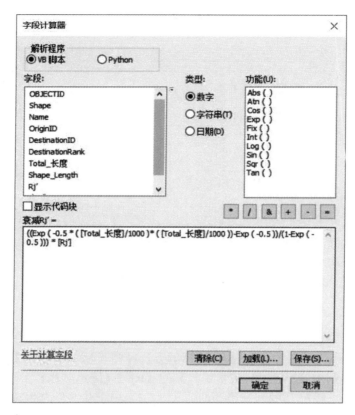

图 4-18　衰减 Rj' 计算公式

【MAX＿衰减 Rj'】等字段，满足本步骤提出的分析要求。

（5）**步骤 5**：计算供需比总和，即可达性。

对【小区 OD 成本矩阵修正】的【OriginID】字段进行汇总，在【汇总统计信息（S）：】中勾选【MAX＿衰减 Rj'】的总和，将结果输出为【小区点可达性】，即可得到每个小区点的 A_i' 值，即可达性。表中的【OriginID】字段为小区点的编号，【Sum＿MAX＿衰减 Rj'】为每个小区点的可达性。

在【实验区住宅小区点】属性表中新建双精度字段【Ai'】，将【小区点可达性】连接至【实验区住宅小区点】中，连接字段分别为【OriginID】【ID】，并通过字段计算器的方式，输入公式【小区点可达性 . Sum＿MAX＿衰减 Rj'】，将【小区点可达性】的【Sum＿MAX＿衰减 Rj'】字段复制到【实验区住宅小区点】的【Ai'】字段，随后移除连接。

对【实验区住宅小区点】的【Ai'】字段进行符号化显示（图 4-19），越大的点代表其可达性越好。然而，许多点未填充颜色，代表其可达性为 0，这是由于这些小区 1000m 的道路距离内未搜索到任何绿地的出入口。进一步地，采用克里金插值法生成覆盖全域的可达性图（图 4-20）。

图 4-19　小区点可达性

图 4-20　实验区范围内的可达性

4.4　公园绿地的空间优化布局

4.4.1　概述

在 GIS 领域，设施优化布局是常见的一类分析案例，例如对中小学、商业设施、消防环卫设施等进行优化布局。这些设施的布局基本上均需考虑道路、人口、现有的设施等因素，从供需的角度进行分析。公园绿地由于其开放性、公共性特征，一定程度上可视为城市中特殊的服务设施，上述服务设施的空间优化布局对其具有一定的参考价值。另一方面，人们对于城市中的绿地应拥有同等的享用机会，关于绿地公平、绿地正义等呼吁的不断增长，也推动着绿地的空间分布应考虑居民的使用需求。

在现实中，城市中已有的公园绿地可能存在服务范围未全面覆盖居住用地的情况，城市中各个小区点到达绿地的可达性也存在较大差异，其中包含绿地可达性极低的情况。因此，对绿地进行空间优化布局是提升城市生活环境品质的必然选择，其中涉及新的公园绿地选址。

本节围绕公园绿地的空间优化布局展开，在 GIS 中主要依托"位置分配"原理实现。位置分配原理是指在给定需求和已有设施空间分布的情况下，在用户指定的系列候选设施选址中，让系统从中挑选出指定个数的设施选址，而挑选是依据特定优化模型来的，挑选的结果是模型设定的优化方式，例如设施的服务范围最广、设施的可达性最佳等。

4.4.2　实验简介

1. 实验目的

实验基于本章前两节得到的某城市三环线以内公园绿地的服务范围与可达性，从提升公园绿地的居住用地覆盖率，以及增加可达性两个角度，开展新增公园绿地的选址分析。

当前用于分析的公园绿地仅 40 个，大型公园绿地 2000m 服务半径覆盖率与中小型公园绿地500m服务半径覆盖率为31.7%。按照国家园林城市的标准,公园绿地对居住用地的服务半径覆盖率应达到80%以上。然而,传统的服务半径分析一般以绿地为中心,画圆形或进行缓冲区分析。在考虑道路的距离成本下,同样的服务半径所覆盖的范围往往面积更小。因此本实验以70%作为服务半径覆盖率指标进行分析。

2. 实验方法

依据"位置分配"原理,进行公园绿地的空间布局分析主要涉及以下几个方面:①获取需求点的空间分布,例如住宅小区;②获取已有的公园绿地空间分布,本实验选取同本章前两节一致的数据,该数据仅是部分数据,未完全覆盖实验范围内的全部公园绿地;③找出所有可能的公园绿地候选位置;④指定优化模型,并设置模型参数;⑤计算机自动生成公园绿地选址;⑥对计算结果进行分析,必要时可进行调整及再计算。

ArcGIS中提供了若干种优化模型用以实现设施的选址,包括最小阻抗、最大覆盖范围、最小设施点数、最大人流量等模型。本节将从最短出行距离、最大覆盖范围、最小设施点数3种情景展开分析。

3. 实验数据与准备

本次实验用到的数据包含路网、公园绿地点、小区POI点等数据,其中,小区POI点数据与上一节的绿地可达性分析一致。

路网数据的处理同第二章的等时圈分析,其属性表包含【Shape＿Length】【步行时间】字段,分别代表道路长度(单位:m)、在这段路上步行所花费的时间(单位:分钟)。路网需要构建网络数据集,可参考本书第2章2.5.2部分的步骤1、步骤2。

公园绿地数据在前两节的基础上进行处理。一方面,将大型公园绿地以质心取代出入口,代表该公园绿地,主要是由于在优化布局分析时,仅需考虑绿地的空间位置。将该数据与中小型公园绿地点共同构成【绿地必选点】数据。另一方面,新增【绿地候选点】数据,即规划需要增加的绿地,依据绿地服务范围与可达性分析的结果,在服务范围未覆盖的区域与可达性低的区域,结合当前用地现状,挑选若干个适宜的候选点(拟新增的公园绿地)。本次实验共包含40个必选点与50个候选点(图4-21)。

具体数据情况如表4-3所示。

公园绿地空间优化布局所需数据一览表　　　　　　　　　　表4-3

数据类型	数据名称	数据概述	数据的主要字段	备注
矢量数据	【路网】	实验区范围内一级、二级道路的线要素	【Shape＿Length】	单位:m。表示各段道路的长度
			【步行时间】	单位:min。以平均步行速度4.5km/h计算,该字段值的计算方式为Shape＿Length/4500×60
	【实验区住宅小区点】	实验区范围内小区的点要素	【小区人口】	单位:人
	【绿地必选点】	大、中、小型公园绿地质心的点要素	【OBJECTID】	表示必选绿地的编号
			【绿地名称】	表示各个绿地的名称
	【绿地候选点】		【OBJECTID】	表示候选绿地的编号

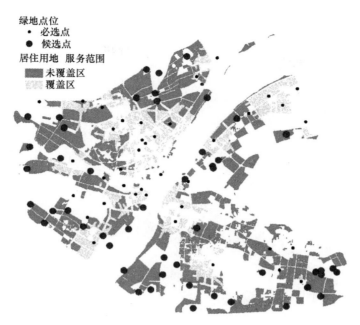

图 4-21　公园绿地点位数据

4.4.3　基于最短出行距离的公园绿地空间优化布局

基于最短出行距离是建立在最小化阻抗模型基础上的，其原理是在所有候选的绿地中，按照给定的数目挑选出绿地的空间位置，使所有需求点到达距离其最近绿地的出行距离之和最短。一般来说，该模型适用于学校的选址，居民与学校之间属于一对一的关系。对于公园绿地而言，在现实生活中，人们出行一般会就近选择绿地，但不严格受限于距离，居民与绿地之间属于多对多的关系。然而，考虑到绿地使用的公平性，要使每个居民都能就近享用绿地空间，有必要从这个角度进行分析。

（1）**步骤 1**：构建位置分配分析图层。

① 在 ArcMap 中加载【网络数据集】【绿地必选点】【绿地候选点】【实验区住宅小区点】数据。

② 点击工具条上的【Network Analyst】，在下拉菜单中选择【新建位置分配（L）】，随即在【内容列表】弹出【位置分配】图层。

（2）**步骤 2**：加载绿地点与小区点。

① 点击【Network Analyst】工具条上的【Network Analyst 窗口】，弹出【Network Analyst】面板。在面板中，右键点击【设施点（0）】，在弹出的对话框中选择【加载位置（L）…】，弹出【加载位置】窗口。在该窗口中，点击【加载自（L）】，在下拉条中选择【绿地必选点】，将【位置分析属性】栏中【Facility Type】的默认值设置为【必选项】，点击【确定】，【Network Analyst】面板中的【设施点（0）】则变成【设施点（40）】，同时，数据视图中出现了 40 个带着五角星的【必选项】图标。

② 在【Network Analyst】面板中，右键点击【设施点（40）】，在弹出的对话框中选择【加载位置（L）…】，弹出【加载位置】窗口。在该窗口中，点击【加载自（L）】，在

下拉条中选择【绿地候选点】，将【位置分析属性】栏中【Facility Type】的默认值设置为【候选项】，点击【确定】，【Network Analyst】面板中的【设施点（40）】则变成【设施点（90）】，说明添加了50个候选点，同时，数据视图中出现了50个中空正方形的【候选项】图标（图4-22）。

图 4-22   必选项与候选项

③ 在【Network Analyst】面板中，右键点击【请求点（0）】，在弹出的对话框中选择【加载位置（L）…】，弹出【加载位置】窗口。在该窗口中，点击【加载自（L）】，在下拉条中选择【实验区住宅小区点】，点击【确定】，【Network Analyst】面板中的【请求点（0）】则变成【请求点（10928）】。

（3）**步骤3**：设置位置分配属性与求解。

① 点击【Network Analyst】面板右上角的【属性】按钮，弹出【图层属性】窗口。

② 切换到【常规】选项卡，设置【图层名称（L）】为【最短出行距离】，点击【应用】，【内容列表】中的【位置分配】图层随即变为【最短出行距离】图层。

③ 切换到【分析设置】选项卡，选择【阻抗】为【长度（米）】，将【行驶自（T）】设置为【请求点到设施点（D）】。

④ 切换到【高级设置】选项卡，选择【问题类型】为【最小化阻抗】，在【要选择的设施点（F）】中输入50，表示在既有40个绿地的基础上，对新增10个绿地进行分析。

⑤ 切换到【累积】选项卡，勾选【长度】，对出行总距离进行累积。

⑥ 点击【确定】完成属性设置。

⑦ 点击【Network Analyst】工具条上的【求解】按钮，生成绿地点的空间选址。

（4）**步骤4**：保存结果。

① 在【内容列表】面板中，浏览到【图层/最短出行距离/设施点】，点击右键将其导出另存为【绿地点优化新增10】。

② 在【内容列表】面板中，浏览到【图层/最短出行距离/线】，点击右键将其导出另存为【绿地点优化新增 10 _ 线】。

如图 4-23 所示，在分析结果中新增了【已选项】与连接绿地点和小区点之间的线要素。

图 4-23　基于最短出行距离的公园绿地空间分布

首先，已选项一共有 10 个，代表新增的 10 个绿地选址。点击右键打开【设施点】的属性表，包含若干重要字段（图 4-24）。其中，【Name】字段代表 90 个绿地点，【Facili-tyType】字段分为三种类型——必选项（既有的 40 个公园绿地）、已选项（通过本次分析

Shape	Name	FacilityType	Weight	Capacity	DemandCount	DemandWeight	SourceID	SourceOID
点	位置 1	必选项	1	<空>	413	413	路网	2303
点	位置 2	必选项	1	<空>	60	60	路网	3210
点	位置 3	必选项	1	<空>	229	229	路网	3297
点	位置 4	必选项	1	<空>	315	315	路网	2349
点	位置 5	必选项	1	<空>	138	138	路网	1954
点	位置 6	必选项	1	<空>	38	38	路网	1963
点	位置 7	必选项	1	<空>	19	19	路网	1601
点	位置 8	必选项	1	<空>	212	212	路网	1977
点	位置 9	必选项	1	<空>	65	65	路网	2249
点	位置 10	必选项	1	<空>	329	329	路网	2182
点	位置 11	必选项	1	<空>	218	218	路网	3776
点	位置 12	必选项	1	<空>	93	93	路网	4237
点	位置 13	必选项	1	<空>	84	84	路网	4306
点	位置 14	必选项	1	<空>	338	338	路网	640
点	位置 15	必选项	1	<空>	261	261	路网	803
点	位置 16	必选项	1	<空>	596	596	路网	1178
点	位置 17	必选项	1	<空>	399	399	路网	3078
点	位置 18	必选项	1	<空>	267	267	路网	3078
点	位置 19	必选项	1	<空>	114	114	路网	3448

0 / 90 已选择

图 4-24　基于最短出行距离的公园绿地分析结果属性表

筛选出的 10 个公园绿地）、候选项（未被筛选中的公园绿地）。

在【绿地点优化新增 10】的属性表中，【FacilityType】字段由 0、1、3 构成，这三个数字与导出前的三种类型一一对应，0 代表未被筛选中的公园绿地，1 代表既有的 40 个公园绿地，3 代表通过本次分析筛选出的 10 个公园绿地。因此，通过该字段即可判别新增的 10 个公园绿地空间位置。

其次，分析生成的线要素连接着小区点与公园绿地点，代表新增的 10 个公园绿地能覆盖的小区点位。由于新增的公园绿地数量有限，本次结果中存在部分小区点未被连接至公园绿地点的情况。

以类似的方式，可针对新增公园绿地的数量进行调整，例如新增 15、20、30 个公园，则分析得到的结果将会有差异（图 4-25）。

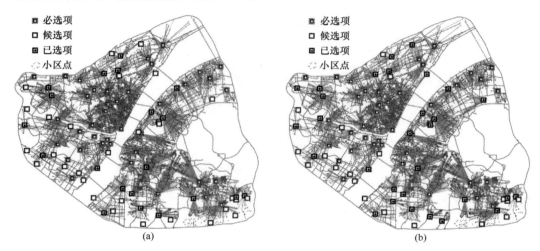

图 4-25　新增不同绿地数量的分析结果（基于最短出行距离）

（a）新增 20 个公园绿地；（b）新增 30 个公园绿地

4.4.4　基于最大覆盖范围的公园绿地空间优化布局

最大覆盖范围是指在所有候选点中挑选出给定数目的点位，使这些点的服务半径覆盖的需求点最多。因此，该方法是从绿地的服务范围出发，未考虑居民的出行距离，仅视为若小区点位于服务范围之内，即满足分析条件。因此，该方法适用于城市公园绿地的分析，对于具有服务半径限制的其他设施，例如急救中心、消防站等也同样适用。

该分析总体步骤与上一小节类似，具体步骤如下：

（1）**步骤 1**：隐藏上一小节分析结果。

取消勾选【内容列表】中的【最短出行距离】图层，基于最短出行距离的分析结果随即在数据视图中隐藏。

（2）**步骤 2**：分析增加 10 个公园绿地的最大覆盖范围。

① 点击工具条上的【Network Analyst】，在下拉菜单中选择【新建位置分配（L）】，再建一个【位置分配】图层。此时，【Network Analyst】面板与【内容列表】中均新增了相应的图层。

② 重复上一小节的步骤 2～步骤 4，其中涉及差异性的设置如下：步骤 3 在【图层属性】窗口的【常规】选项卡中，设置【图层名称（L）】为【最大覆盖范围】，以便区分不同的位置分配类型；【高级设置】选项卡中，设置【问题类型】为【最大化覆盖范围】，【阻抗中断（C）】中输入 2000，该值代表公园绿地服务范围的最大值，可依据具体分析情景进行设定。

基于新增 10 个公园绿地的最大覆盖范围的分析结果如图 4-26 所示，将该结果与图 4-23 相比，会发现同样是新增 10 个公园绿地，但考虑的因素不同，生成的 10 个公园绿地选址也有差异。本次结

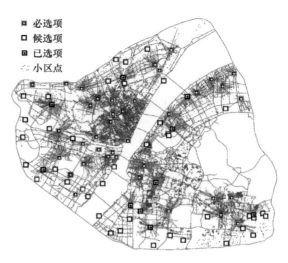

图 4-26 基于最大覆盖范围的公园绿地空间分布

果是为了解决新增的 10 个公园绿地能最大可能地覆盖最多的小区，因此所选的公园绿地点更加均匀地分布在整个实验区范围内。基于最短出行距离则考虑的是小区点的居民能就近去往绿地，使累积出行距离最短。

同样地，可针对增加不同数量公园绿地进行基于最大覆盖范围的绿地选址分析，结果如图 4-27 所示。

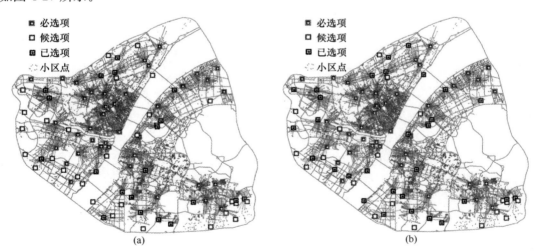

图 4-27 新增不同绿地数量的分析结果（基于最大覆盖范围）

（a）新增 20 个公园绿地；（b）新增 30 个公园绿地

4.4.5 基于最小设施点数的公园绿地空间优化布局

最小设施点数是在最大覆盖范围的基础上进行改进，其目标是在所有候选点中筛选出数目尽量少的点数，使得位于设施最大服务半径之内的需求点最多。换句话说，该方式是

在设施数量和最大覆盖范围二者之间寻求平衡，求得合适的设施数量和空间位置。

该分析总体步骤与前两小节类似，具体步骤如下：

（1）**步骤1**：隐藏上一小节分析结果。

取消勾选【内容列表】中的【最大覆盖范围】图层，基于最大覆盖范围的分析结果随即在数据视图中隐藏。

（2）**步骤2**：新建位置分配、设置参数与求解。

① 点击工具条上的【Network Analyst】，在下拉菜单中选择【新建位置分配（L）】，再建一个【位置分配】图层。此时，【Network Analyst】面板与【内容列表】中均新增了相应的图层。

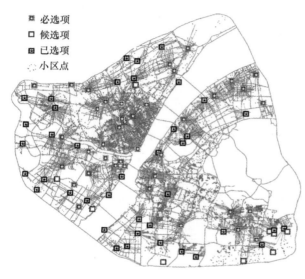

图4-28　基于最小设施点数的公园绿地空间分布

② 重复4.4.3小节的步骤2～步骤4，其中涉及差异性的设置如下：步骤3在【图层属性】窗口的【常规】选项卡中，设置【图层名称（L）】为【最小设施点数】，以便区分不同的位置分配类型；【高级设置】选项卡中，设置【问题类型】为【最小化设施点数】，【阻抗中断（C）】中输入2000，该值代表公园绿地服务范围的最大值，可依据具体分析情景进行设定。

基于最小设施点数的分析结果如图4-28所示，其中已选项有40个，说明要满足实验区范围内小区点在路网距离2000m范围内能够使用绿地，除了现有纳入分析的40个公园绿地之外，最少仍需额外的40个公园绿地。

上述方法从不同的考虑角度对公园绿地的空间优化布局提供了思路，但都存在各自的优缺点。然而，本章的空间优化布局仅从居民需求的角度进行分析，在实际规划过程中，往往会将两种或两种以上的方法相结合，以及考虑其他的因素（生态的改善、防灾避险等），得出相对较适宜的空间布局方案。

思 考 题

1. 简述基于数字技术进行景观规划的意义。
2. 数字技术能给公园绿地的空间规划布局提供哪些支撑？
3. 其他类型公共服务设施的选址分配该如何进行分析？

## 第 5 章

基于数字技术的景观研究

本章要点 🔍

1. 景观格局的概念及绿色空间景观格局的不同分析方法。
2. 形态学空间格局的概念及绿色空间形态学空间格局的应用实践。
3. 连通性的概念、部分绿色空间的实践应用及各个绿色斑块对整体连通性的重要性程度。

5.1 概述

景观研究范围宽广，本书从风景园林领域的核心关注点——物质空间的空间形态出发，阐述本章内容。当前，空间形态的主流衡量方式为景观格局分析（Landscape Pattern），该方法通过一系列指标从不同的角度衡量空间的形态，已被广泛运用于各类研究中。近年来，随着 MSPA（Morphological Spatial Pattern Analysis，形态学空间格局分析）在风景园林领域的兴起，新的空间形态度量方法开始推广，主要应用于城市绿色基础设施网络、绿色生态网络等网络的构建。进一步地，依托前两者得到的数据结果，可以进行连通性分析、生态廊道的筛选等工作。

5.2 城市景观格局研究

5.2.1 景观格局概述

景观格局一般指景观的空间格局，是大小、形状、属性不一的景观空间单元（斑块）在空间上的分布与组合规律。景观格局分析是用来研究景观结构组成特征和空间配置关系的一种分析方法。

景观格局分析一般使用 Fragstats 软件实现，该软件是由美国俄勒冈州立大学森林科学系开发的一个计算景观指标计算软件，是目前国际上通用的著名景观格局分析软件，涵盖了 100 余种景观指数。在该软件中，景观格局可以从三个层次——斑块（Patch Level）、类型（Class Level）、景观（Landscape Level）进行分析，每个层次都有相应的不同类别指标可供选择。斑块层次是在特定片区中以一个景观斑块为单位进行景观指标计算；类型层次是按照不同的景观类型进行景观指标计算，例如林地、草地、建设用地等不同的景观类型；景观层次是综合所有类型进行的分析。

5.2.2　实验简介

1. 实验对象与实验数据

本次实验以武汉市市域范围为实验区域，实验数据来源于 Global Land 30 的 2020 年数据，数据初始空间分辨率接近 30m。采用武汉市行政边界的矢量数据，提取出武汉市域范围的用地数据，保存为 TIF 格式【WH_Land.tif】[①]。还需用到的数据为武汉市区县级的行政边界数据【武汉区县】，用于提取出各个区的用地数据。

如图 5-1 所示，数据图层属性中，数据的像元大小接近 30m，数据属性表中，【Value】字段共有 7 个值——10、20、30、50、60、80、90，是各类用地的代码，分别代表耕地、林地、草地、湿地、水体、建设用地、裸地。将数据转换为投影坐标系，以米为单位，方能进行后续的景观格局分析。

需要注意的是，要将数据存放于非中文的文件路径下，并确保数据名称中未带有中文字符，便于输入 Fragstats 软件时可被识别。

(a)

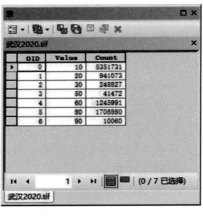
(b)

图 5-1　实验区 Global Land 30 原始数据属性
(a) 数据图层属性；(b) 数据属性表

2. 实验工具简介

实验涉及的工具包含 ArcGIS 10.7 与 Fragstats 4.2 软件，ArcGIS 用于将 Global Land 30 的数据进行预处理，Fragstats 用于景观格局分析。

3. 实验方法简介

Fragstats 的景观格局分析可以计算指定输入数据的各项景观格局指数，当输入的数据为一片特定区域的数据时，输出的指标即为针对该片区的结果，本书将其称为常规分析法；当输入的数据为一批数据时，例如对某市所有的区、县分别进行分析，则输出的结果

---

① 输入景观格局分析软件 Fragstats 的数据采用英文命名，且不存放于中文路径下。

按片区计算，本书将其称为批量分析法；当输入一个片区的数据，但需要对其进行分区计算时，可以采用移动窗口分析法进行分析，该方法是将实验区以一定尺度进行单元划分，分析各个单元中的景观格局指数。本次实验包含常规分析法、批量分析法与移动窗口法三部分。

5.2.3 数据准备

由于初始的【WH_land.tif】数据像元大小非严格的正方形，需要将其转换为正方形像元，否则在 Fragstats 中无法识别数据。

步骤：重采样。

① 打开软件 ArcMap，添加【WH_land.tif】数据。

② 在【目录】面板中，浏览到【工具箱/系统工具箱/Data Management Tools.tbx/栅格/栅格处理/重采样】，双击打开【重采样】工具。

③ 设置【输入栅格】为【WH_land.tif】，【输出栅格数据集】为【WHland.tif】[①]，【输出像元大小（可选）】中的【X】【Y】均填写【30】，其他保持默认，点击【确定】将原始数据采样成 30m×30m 分辨率。

5.2.4 景观格局分析

1. 常规分析法

常规分析法是将实验区作为一个整体进行计算，得到整个实验区的各类景观格局指标。本次实验针对整个武汉市进行分析，所需数据为【WHland.tif】。

（1）**步骤 1**：创建项目。

打开软件 Fragstats 软件，在菜单栏中点击【New】创建新的项目，弹出新的窗口（图 5-2）。

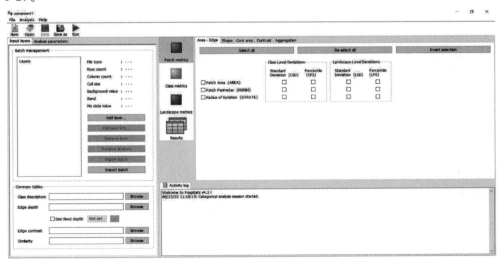

图 5-2 Fragstats 运行界面

---

① 输出数据需要存放于非中文路径，输出文件名不能带有中文名称。其次，输出的像元大小如果设置太小，导致文件量太大，也会引起在 Fragstats 中无法识别的问题。

　　如图 5-2 所示，新窗口主要分为三大区域，左侧为输入图层【Input layers】、分析参数区域【Analysis Parameters】，右侧上方为景观格局指数设置区域，包含 3 个层次的选项卡与运行结果【Results】选项卡，右侧下方为运行日志区域【Activity log】。

　　（2）**步骤 2**：输入数据。

　　① 在【Input layers】界面中点击【Add Layer…】，弹出【Select input dataset】对话框。

　　② 在【Select input dataset】对话框中，【Data type selection】选择【GeoTIFF grid (.tif)】，在右侧的【Dataset name：】中找到【WHland.tif】存放位置并打开，随后下方的各项数据信息就显示出来（图 5-3），点击【OK】完成数据输入。

　　③ 数据输入以后，浏览到【Input layers/Batch management/Layers】，点击【Layers】中的文件名，右侧的数据信息随即显现，与图 5-3 所显示的一致。

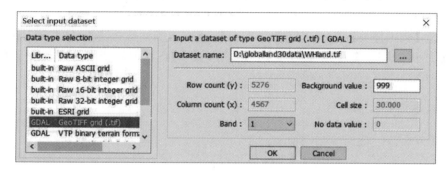

图 5-3　输入数据设置界面

　　（3）**步骤 3**：参数设置。

　　① 切换至【Analysis Parameters】界面。

　　②【General options】选择【Use 8 cell neighborhood rule】，【Sampling strategy】中选择【No sampling】，并且依据分析需求，勾选下方的 3 个分析层次——【Patch metrics】【Class metrics】【Landscape metrics】[①]。

　　（4）**步骤 4**：选择景观格局指数。

　　① 在右侧的景观格局指数设置区域，依据研究需求，分别勾选【Patch metrics】【Class metrics】【Landscape metrics】面板中的景观格局指数。

　　② 本实验为了保证充分分析，勾选全部的指数。

　　③ 在【Patch metrics】面板中，景观格局指数包含 5 类，分别位于【Area-Edge】【Shape】【Core area】【Contrast】【Aggregation】5 个选项卡，在各个选项卡中全部勾选左上角的【Select all】。

　　④ 在【Class metrics】面板中，景观格局指数包含 5 类，分别位于【Area-Edge】【Shape】【Core area】【Contrast】【Aggregation】5 个选项卡，在各个选项卡中全部勾选左上角的【Select all】。

---

　　① 【Sampling strategy】中的分析层次依据实际需求进行勾选，本书为了更好地演示景观格局分析结果，因此全部勾选。

⑤ 在【Landscape metrics】面板中，景观格局指数包含 6 类，分别位于【Area Edge】【Shape】【Core area】【Contrast】【Aggregation】【Diversity】6 个选项卡，在各个选项卡中全部勾选左上角的【Select all】。

（5）**步骤 5**：设置部分指数的阈值。

① 如果需要分析【Aggregation】选项卡中的【Proximity Index】或【Similarity Index】两项指数，需要设置位于指数右侧的搜索半径【Search radius is unknown】，可对【Patch metrics】面板中的搜索半径进行设置，点击【Search radius is unknown】右侧的【…】，输入 500，其余两个面板中也将同步设置。本次实验将其值设置为 500，意味着各个像元将会在其周围 500m 半径内进行这两项指数的计算。可依据研究需求设置该值。

② 如果需要分析【Aggregation】选项卡中的【Connectance Index】指数，需要设置位于指数右侧的阈值距离【Threshold distance is unknown】，可对【Class metrics】面板中的阈值距离进行设置，点击【Threshold distance is unknown】右侧的【…】，输入 500，【Landscape metrics】面板中也将同步设置。本次实验将其值设置为 500，意味着各个像元将会在其周围 500m 半径内进行这项指数的计算。

③ 如果需要分析【Landscape metrics】面板中【Diversity】选项卡的【Relative Patch Richness】指数，需要设置位于指数下方的最大类别数量【The maximum number of classes is unknown】，可将其设置为实验数据【WHland. tif】的用地类型总数量，因此本实验将其设置为 7。

（6）**步骤 6**：输入二进制表格并运行。

① 如果需要分析【Core area】【Contrast】选项卡中的指数，或者【Aggregation】选项卡中的【Similarity Index】指数，需要输入附加的二进制表格，包含了 4 类表格，分别为【Class descriptors】【Edge depth】【Edge contrast】【Similarity】。这 4 类表格可通过官网下载模板，依据数据情况进行数据修改。

②【Class descriptors】是对不同用地类型的描述。其表格文件为 fcd 格式，将其以记事本的方式打开，表中包含 4 列字段，【ID】为用地类型的代码，【Name】为用地类型，【Enabled】代表数据是否可见，【IsBackground】代表是否为背景值。本实验按照图 5-4（a）所示进行设置并保存。

③【Edge depth】是反映景观边缘深度的值，单位为 m，当计算【Core area】中的指标时，用于确定一个斑块的核心由哪些像元构成。其表格文件为 fsq 格式，将其以记事本的方式打开。表中的第一行是【FSQ_TABLE】；第二行是【CLASS_LIST_LITERAL（…）】，括号中的内容需填写所有的用地类型；第三行是【CLASS_LIST_NUMERIC（…）】，括号中的内容需填写所有的用地编号，与第二行的用地类型一一对应；第四行及以下为数据矩阵，该矩阵的行列数等同于用地类型数，且行与列均需按照【CLASS_LIST_LITERAL】中的 7 类用地依顺序展开。该矩阵不要求对称，但同类型的边缘深度为 0，体现为"西北—东南"对角线上的值为 0。具体的数值，可通过两两对比不同用地之间的边缘深度效应进行设置。本实验按照图 5-4（b）所示进行设置并保存。

④【Edge contrast】用于确定【Contrast】中的【Edge Contrast Index】指标计算过程中的每种边缘类型（即一对斑块类型的组合）的差异度大小，数值范围为 0～1。其表格文件为 fsq 格式，将其以记事本的方式打开。表中的第一行是【FSQ_TABLE】；第

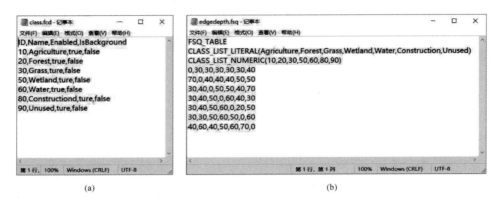

(a)　　　　　　　　　　　　　　　　(b)

图 5-4　【Class descriptors】与【Edge depth】数据设置

(a)【Class descriptors】数据设置；(b)【Edge depth】数据设置

二、三行同【Edge depth】；第四行及以下为差异度权重矩阵，该矩阵的行列要求同上，且必须为对称矩阵，即第 i 行、第 j 列的值，须与第 j 行、第 i 列的值相同，且当 $i=j$ 的值为 0 时，意味着同类用地的差异度为 0。具体的数值可通过两两对比不同用地之间的差异度进行设置。本实验按照图 5-5（a）所示进行设置并保存。

⑤【Similarity】用于确定【Aggregation】中的【Similarity Index】指标计算时，斑块类型的每个成对组合之间的相似度，数值范围为 0~1。其表格文件为 fsq 格式，将其以记事本的方式打开。表中的第一行是【FSQ _ TABLE】；第二、三行同【Edge depth】；第四行及以下为相似度权重矩阵，该矩阵的行列要求同上，但不要求为对称矩阵，但同类用地的相似度为 1，体现为"西北—东南"对角线上的值为 1。具体的数值可以通过两两对比不同用地之间的相似度进行设置。本实验按照图 5-5（b）所示进行设置并保存。

⑥ 浏览到【Input layers/Common tables】，分别输入上述保存的文件。其中【Edge depth】可使用固定深度，即所有的用地类型的边缘深度一致，或使用上述设置好的【Edge depth】fsq 文件。

(a)　　　　　　　　　　　　　　　　(b)

图 5-5　【Edge contrast】与【Similarity】数据设置

(a)【Edge contrast】数据设置；(b)【Similarity】数据设置

⑦ 至此，已完成所有需要设置的地方，点击菜单栏中的【Run】，在弹出的窗口中点击【Proceed】，开始计算所有的景观格局指数。由于输入了所有指数进行计算，本次实验运行时间较长。

⑧ 运行完成以后，点击【Results】面板，即可显示三个层次的景观格局指数计算结

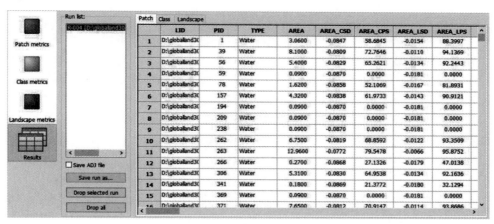

(a)

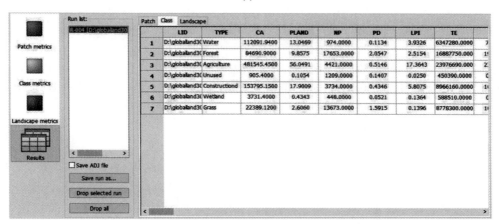

(b)

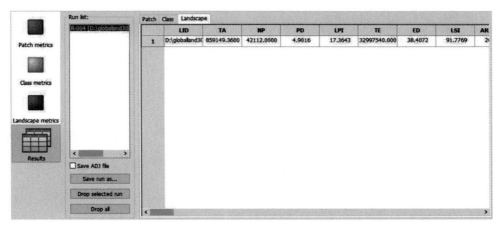

(c)

图 5-6　景观格局指数计算结果

（a）斑块层次；（b）类型层次；（c）景观层次

果（图 5-6）。斑块层次一共输出了 7 类用地的 42112 行记录，并带有【PID】与【TYPE】字段，分别记录着每个斑块的编号及其所属的用地类型，每行记录都记载着一个斑块的所有该层次上的景观格局指数。类型层次一共输出 7 行记录，并带有【TYPE】字段，记录着用地类型，每行记录都记载着一个用地类型的所有该层次上的景观格局指数。景观层次一共输出一行记录，记录着所有用地类型综合在一起形成的整体景观格局指数。

（7）**步骤 7**：保存结果。

① 点击【Save run as..】，在弹出的窗口中选择数据存储路径并命名为【武汉景观格局指数】，生成 3 项数据文件——【武汉景观格局指数 .patch】【武汉景观格局指数 .class】【武汉景观格局指数 .land】，分别对应斑块、类型、景观层次的计算结果。

② 3 项数据均可以通过 Excel 文档打开，采用分隔符进行数据字段的划分。

③ 点击菜单栏中的【Save as】，可将整个分析进行保存，生成一个 fca 文件，它是一个存储整个过程的数据文件。当关闭当前软件界面之后，双击该 fca 文件即可打开当前界面。

④ 至此，常规方法的景观格局指数分析全部完成，可针对最后生成的 3 项数据进行进一步的统计分析。

2. 批量分析法

批量分析法是指一次性输入若干个栅格数据，对多个实验区进行分析，得出这些实验区各自的景观格局指数。该方法与常规法的差异主要在于导入数据的方式与结果的呈现方式不同。本次实验以武汉市的各个区为分析对象，所需数据包括【WHland. tif】武汉用地类型栅格数据、【武汉区县】面要素矢量数据。

（1）**步骤 1**：批量分解出武汉市的各个区面要素矢量数据。

① 打开 ArcMap，添加【WHland. tif】栅格数据、【武汉区县】面要素数据。

② 打开【武汉区县】属性表，添加一个文本型字段【ID】，并通过字段计算器给各个区赋值为【区名首字母】，例如黄陂区赋值为 HP，目的是区分各个数据。若赋值 1、2、3……亦可行，但后续需要知道各个编号所对应的区。

③ 在【目录】面板中，浏览到【工具箱/系统工具箱/Analysis Tools. tbx/提取分析/按属性分割】，双击打开【按属性分割】工具。

④ 设置【输入表】为【武汉区县】，【目标工作空间】选择一个非中文路径的文件夹，【分割字段】选择【ID】，点击【确定】分割生成各个区的面要素矢量数据。

⑤ 查看【目标工作空间】所选的文件夹，可以发现共分割出 13 个数据，均以各个区的名称首字母进行命名。

⑥ 点击菜单栏中的【添加数据】按钮，找到【目标工作空间】的文件夹，选择分割出的全部数据，并添加。

（2）**步骤 2**：批量提取各区的用地数据。

① 在【目录】面板中，浏览到【工具箱/系统工具箱/Spatial Analyst Tools. tbx/提取分析/按掩膜提取】，右键点击【按掩膜提取】工具，点击【批处理（B）…】，以批处理模式打开该工具，弹出【按掩膜提取】窗口。

② 在该窗口中带有一行记录，编号【1】，点击窗口右侧的【添加行】按钮，新增 12 行记录，使总数与上一步分割出的数据相同。

③ 双击【1】，弹出【按掩膜提取：1】设置界面。设置【输入栅格】为【WHland. tif】，

【输入栅格数据或要素掩膜数据】选择其中一个区的面要素矢量数据，例如【HP】，【输出栅格】为【HPland. tif】，点击【确定】完成该行的设置，并退出【按掩膜提取：1】设置界面。

④ 右键点击【按掩膜提取】窗口中的【1】，选择【复制】，将其粘贴在一张空白的 Excel 表中，随后生成一行数据，分为三列，分别为【WHland. tif】【HP】【D：/globalland30data/qx/HPland. tif】。第一列为武汉市用地的栅格数据，第二列为区的 ID 属性（区名称首字母），第三列为提取出的数据存放位置及数据名称(图 5-7)。

⑤ 在 Excel 表中，按照当前这行的数据格式补充其余 12 个区的数据（图 5-7）。如果研究数据量较大，可在步骤 1 时将 ID 属性设置为数字，方便补充。

WHland.tif	JA	D:\globalland30data\qx\JAland.tif

WHland.tif	JA	D:\globalland30data\qx\JAland.tif
WHland.tif	XZ	D:\globalland30data\qx\XZland.tif
WHland.tif	CD	D:\globalland30data\qx\CDland.tif
WHland.tif	HN	D:\globalland30data\qx\HNland.tif
WHland.tif	JX	D:\globalland30data\qx\JXland.tif
WHland.tif	WC	D:\globalland30data\qx\WCland.tif
WHland.tif	QK	D:\globalland30data\qx\QKland.tif
WHland.tif	DXH	D:\globalland30data\qx\DXHland.tif
WHland.tif	HY	D:\globalland30data\qx\HYland.tif
WHland.tif	QS	D:\globalland30data\qx\QSland.tif
WHland.tif	JH	D:\globalland30data\qx\JHland.tif
WHland.tif	JA	D:\globalland30data\qx\JAland.tif
WHland.tif	HS	D:\globalland30data\qx\HSland.tif

(a)　　　　　　　　　　　　　　　　(b)

图 5-7　批量构建 13 个区用地数据的属性表
(a) 首行记录；(b) 完整记录

⑥ 在 Excel 表中，复制补充的 12 行记录，切换至 ArcMap 中的【按掩膜提取】窗口，点击第二行的编号【2】，不松开鼠标，移动至最后一行，选中 12 行记录，随后松开鼠标。点击右键选中任意一行编号，选择【粘贴】，复制 Excel 表中的信息（图 5-8），点击【确

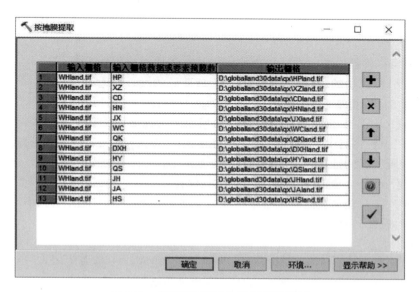

图 5-8　【按掩膜提取】批量设置窗口

定】，软件将按照各个区的面要素矢量数据，批量提取各自的用地栅格数据。

⑦ 在输出的数据存放位置中，可以查看到生成的 13 个数据。

（3）**步骤 3**：使用 Fragstats 软件创建项目与输入数据。

① 打开 Fragstats 软件，在菜单栏中点击【New】创建新的项目。

② 导入一个区的数据，例如【Hpland. tif】。随后，点击【Input layers】界面中的批量导出按钮【Export batch】，将该数据导出为【WHland. fbt】。

③ 以记事本的方式打开【WHland. fbt】，内容为一行字符串"D：/globalland30data/qx/HPland. tif，x，999，x，x，1，x，IDF_GeoTIFF"，记录着该数据的存放位置及名称、数据基本信息以及数据格式等。

④ 按照当前这行的格式补充其余 12 个区的数据并保存，只需更改数据名称（图 5-9）。如果研究数据量较大，可在步骤 1 时将 ID 属性设置为数字，方便在 Excel 中补充。

⑤ 在 Fragstats 软件的【Input layers】界面中，点击批量导入按钮【Import batch】，选择【WHland. fbt】，实现批量导入 13 个区的用地数据。

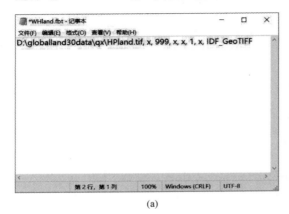
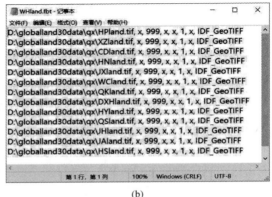

（a）   （b）

图 5-9   批量输入 Fragstats 的 fbt 文件内容

（a）首行记录；（b）完整记录

（4）**步骤 4**：参数设置、选择景观格局指数、阈值及表格输入等。

参考常规分析法中的步骤 3 至步骤 7，完成此后的设置与运行。

（5）**步骤 5**：查看结果与保存。

① 点击【Results】面板，即可显示三个层次的景观格局指数计算结果，如图 5-10 所示。在【Run list】栏目中，包含了 13 个区的选项，点击任意一行，右侧的数据表格将显示当前点击行所属区的计算结果。

② 点击【Save run as…】将所有结果进行保存。

由于有些片区并未包含所有的 7 类用地，导致其类型层次的计算结果中，缺失用地类型的景观格局指数为空值。

3. 移动窗口法

移动窗口法是指输入一个栅格数据作为实验区，以每一个像元为中心，打开一个一定尺寸的分析窗口（圆形/方形），然后计算选定的景观格局指标，并将计算结果返回到窗口中心的像元，最终重新生成一个栅格数据，每个选定的指标均会产生一个栅格数据。本次

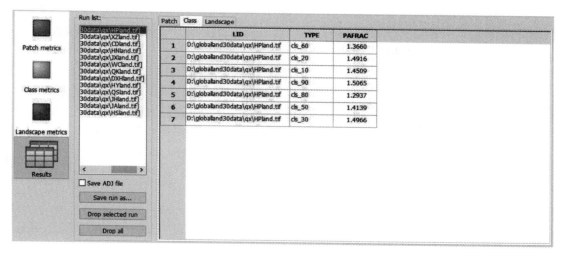

图 5-10 批量计算景观格局指数结果面板

实验以武汉市为分析对象，所需数据为【WHland. tif】武汉用地类型栅格数据、【武汉区县】面要素矢量数据。

1）实验方法

（1）**步骤 1**：创建项目与输入数据。

打开 Fragstats 软件，参考常规分析法添加并输入数据【WHland. tif】。

（2）**步骤 2**：参数设置。

① 浏览到【Analysis Parameters】界面。

②【General options】中选择【Use 8 cell neighborhood rule】，【Exhaustive sampling】中选择【Moving window】，并勾选【Class metrics】【Landscape metrics】。

③ 选择【Square with a side length of 100.00 meters.】，并点击右侧的【…】，将数值改为 900。该设置意味着设置了窗口为边长 900m 的方形。

注：该软件提供了两种移动窗口形式，默认 100m 半径的圆形窗口与默认边长 100m 的方形窗口，本实验选择方形窗口，并考虑数据的像元大小为 30，将边长改为 900m，

（3）**步骤 3**：选择景观格局指数。

① 在右侧的景观格局指数设置区域，依据研究需求，分别勾选【Class metrics】【Landscape metrics】面板中的景观格局指数。

② 由于移动窗口法会生成栅格数据，故本实验各选择一个指标为例进行演示，选择【Class metrics】中的面积指数【Total Area（CA/TA）】，【Landscape metrics】中的香农多样性指数【Shannon's Diversity Index（SHDI）】。

（4）**步骤 4**：运行。

点击菜单栏中的【Run】，在弹出的窗口中点击【Proceed】，运行移动窗口分析。由于该分析会生成栅格数据，所以运行时间较长。运行时间也取决于移动窗口的尺寸，尺寸越大，运行时间越短。

（5）**步骤 5**：结果查看与编辑。

① 运行结束后，在输入数据的存储路径下，会生成一个文件夹【输入数据的名

称 _ mw1】，里面包含了 7 类用地面积指数的 tiff 格式栅格数据，每类用地各有一个数据，名称分别为【ca _ 10. tif】【ca _ 20. tif】等，数字代表了用地编号，以及一个香农多样性指数的 tiff 格式栅格数据【shdi. tif】。

② 在 ArcMap 中添加 8 个数据，发现数据范围为实验区的外接矩形。

③ 在【目录】面板中，浏览到【工具箱/系统工具箱/Spatial Analyst Tools. tbx/提取分析/按掩膜提取】，双击打开【按掩膜提取】工具。

④ 设置【输入栅格】为【ca _ 10. tif】，【输入栅格数据或要素掩膜数据】为【WH-land. tif】，输出栅格为【WH _ ca10. tif】，由此提取出武汉市域范围的耕地面积指数。

⑤ 以同样的方式对其余数据进行提取。

这些数据的像元大小仍为 30，每个像元记录了以该像元为中心、边长 900m 的方形区域内的指数值。由于移动的分析窗口只针对囊括有像元的区域进行分析，若窗口中出现无像元区域，则对该窗口不进行分析，从而导致该窗口的中心像元无值产生，生成的栅格数据沿武汉市域外围一定距离为空值。以耕地的面积指数为例，像元值范围为 $0.09\sim$ $86.48m^2$，空值的区域除了位于城市周围，主要位于实验范围中心区、水体区域。

2) 后续分析

上述分析得到的数据像元大小为 30，移动窗口的边长为 900m，因此上述结果像元之间所记录的值具有一定的空间重叠性。可以进一步通过栅格划分，提取出各个栅格范围内的各项景观格局指数。本书以耕地面积指数为例，进行详细介绍。

(1) **步骤 1**：创建渔网。

① 打开 ArcMap，添加【WH _ ca10. tif】数据。

② 在【目录】面板中，浏览到【工具箱/系统工具箱/Data Management Tools. tbx/采样/创建渔网】，双击打开【创建渔网】工具。

③ 设置【输出要素类】为【栅格网】，【模板范围（可选）】为【与图层 WH _ ca10. tif 相同】，此时上下左右及 XY 坐标均自动识别出来。

④ 设置【像元宽度】与【像元高度】均为【900】，意味着创建的栅格单元为 900m× 900m，将【几何类型（可选）】设置为【POLYGON】面要素，其余保持默认设置，点击【确定】完成栅格网创建。

生成的结果中包含了【栅格网】面要素与【栅格网 _ label】点要素，【栅格网】面要素为 900m×900m 正方形构成的【WH _ ca10. tif】数据的外接矩形，【栅格网 _ label】点要素为各个格网的中心点（图 5-11）。因此，这两个要素类存在实验区范围以外的无效数据，后续需要进行删除。

(2) **步骤 2**：将栅格网中心像元的值提取至点要素中。

① 在【目录】面板中，浏览到【工具箱/系统工具箱/Spatial Analyst Tools. tbx/提取分析/值提取至点】，双击打开【值提取至点】工具。

② 设置【输入点要素】为【栅格网 _ label】，【输入栅格】为【WH _ ca10. tif】，【输出点要素】为【ca10 _ point】。

③ 点击【环境…】跳出【环境设置】窗口，在【处理范围】中选择【范围】【与图层 栅格网 _ label 相同】，点击【确定】退出该窗口。

④ 点击【确定】完成中心像元值的提取。

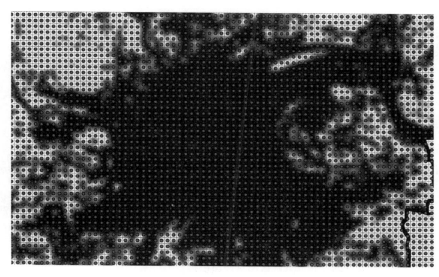

图 5-11　栅格网创建结果的局部图

⑤ 打开【ca10＿point】的属性表，表中的【RASTERVALU】字段记录着耕地的面积指数值，单位为 m²，其中包含的空值与-999（背景值）为无效数据。

（3）**步骤 3**：将点要素的景观格局指数值连接到栅格网面要素。

① 在【目录】面板中，浏览到【工具箱/系统工具箱/Analysis Tools. tbx/叠加分析/空间连接】，双击打开【空间连接】工具。

② 设置【目标要素】为【栅格网】，【连接要素】为【ca10＿point】，【输出要素类】为【ca10＿grid】，【连接操作（可选）】为【JOIN＿ONE＿TO＿ONE】，其他保持默认，点击【确定】完成空间连接分析。

③ 打开【ca10＿grid】的属性表，可以发现属性表中增加了【ca10＿point】中的字段，其中【RASTERVALU】字段为耕地的面积指数值。

（4）**步骤 4**：去除无效数据。

① 将【武汉区县】数据添加到 ArcMap。

② 点击 ArcMap 菜单栏中的【选择】【按位置选择（L）…】，弹出【按位置选择】窗口。

③ 设置【目标图层（T）】为【ca10＿grid】，【源图层】中选择【武汉区县】，【目标图层要素的空间选择方法（P）】为【与源图层要素相交】，点击【确定】，系统将选中所有与【武汉区县】面要素相交的栅格网，未选中区域为武汉市域范围以外区域。

④ 打开【栅格网】属性表，点击左上角【表选项】的【切换选择】，系统将对选中的栅格与未选中的栅格进行切换。

⑤ 启动【开始编辑】，选择【ca10＿grid】数据进行编辑。右键点击【栅格网】属性表中被选中区域的任意一行记录，选择【删除所选项】，系统将删除这部分数据。停止编辑，并保存。

⑥ 以同样的方式对【ca10＿point】点要素进行无效数据的删除。

至此，已完成以格网形式进行的实验区景观格局指数计算。如图 5-12 所示，将耕地

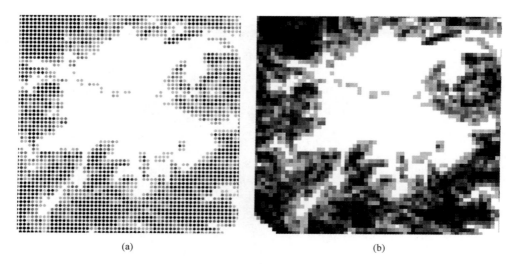

图 5-12　局部区域耕地面积指数的可视化效果
（a）点可视化；（b）格网可视化

面积指数通过【RASTERVALU】字段进行点的可视化呈现与格网的可视化呈现，颜色越深，代表面积指数越大，白色区域代表值为 0。

　　为了使实验区周围区域的数据有效，可以在开始阶段，对实验范围的面要素矢量数据进行一定尺度的缓冲区分析，以此作为掩膜数据进行 Global Land 30 数据的提取。

5.3　城市绿地的形态学空间格局研究

5.3.1　形态学空间格局概述

　　形态学空间格局简称 MSPA，是一种对二值栅格图像进行识别并依据形态格局对其重分类，以实现对空间格局进行分析的分析方法。该方法基于数学形态学的开运算、闭运算、膨胀、腐蚀等，将分析对象（例如绿地）设置为前景，其余要素为背景，通过分析将绿地分为核心（Core）、孤岛（Islet）、边缘（Edge）、孔隙（Perforation）、桥接（Bridge）、环线（Loop）、分支（Branch）7 类互不重叠的形态要素，能够准确衡量图像形态的类型与特性，因此被较多地应用于绿色基础设施网络分析和景观空间形态分析研究。7 种形态要素具有不同的空间形态与生态学含义（表 5-1）。

MSPA 的 7 种形态要素及含义　　　　　　　　　　　　　表 5-1

编号	MSPA 要素	生态含义
1	核心（Core）	前景像元中较大的生境斑块，可以为物种提供较大的栖息地，对生物多样性的保护具有重要意义，是生态网络中的生态源地
2	孤岛（Islet）	彼此不相连的孤立、破碎的小斑块，斑块之间的连接度比较低，内部物质、能量交流和传递的可能性比较小
3	孔隙（Perforation）	核心区和非绿色景观斑块之间的过渡区域，即内部斑块边缘（边缘效应）

续表

编号	MSPA 要素	生态含义
4	边缘（Edge）	核心区和主要非绿色景观区域之间的过渡区域
5	环线（Loop）	连接同一核心区的廊道，是同一核心区内物种迁移的捷径
6	桥接（Bridge）	连通核心区的狭长区域，代表生态网络中斑块连接的廊道，对生物迁移和景观连接具有重要的意义
7	分支（Branch）	只有一端与边缘区、桥接区、环道区或者孔隙相连的区域

5.3.2　实验简介

1. 实验对象简介

本次实验针对某城市三环线以内的区域展开，由于研究对象为城市绿地，因此剔除其中的 5 个大型湖泊，以余下的范围作为实验区域。

2. 实验数据简介

实验数据涉及【实验范围】面要素矢量数据、【绿地】矢量数据。绿地矢量数据通过 2016 年 0.8m 分辨率的高分二号卫星影像提取而来，属于精细度较高的绿地矢量数据，影像图上的街道行道树、小区中的绿地等均可清晰辨别，因此适用于街区尺度的研究。数据的投影坐标系为 CGCS2000 3 Degree GK CM 114E。

3. 实验工具简介

实验涉及 ArcGIS 以及 Guidos Toolbox 软件。Guidos Toolbox 是一款免费但小众的栅格图像数据分析软件，MSPA 是其中的一项分析类型。

4. 实验流程

本实验总体工作流程如图 5-13 所示，包含计算绿地二值栅格数据、生成 MSPA 要素、MSPA 要素空间定位、数据后处理 4 大主要内容。

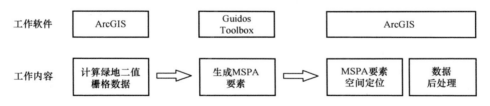

图 5-13　MSPA 工作流程

5.3.3　MSPA 分析

1. 计算绿地二值栅格数据

绿地二值栅格数据表现为绿地像元值为"2"，其余像元值为"1"，这样的赋值方式方能在 Guidos Toolbox 中运行。

（1）**步骤 1**：为绿地赋值。

① 打开软件 ArcMap，添加【实验范围】【绿地】数据。

② 在【内容列表】面板中，右键点击【绿地】图层，在弹出的菜单中选择【打开属性表】，显示【表】对话框。

③ 点击【表选项】按钮，在弹出菜单中选择【添加字段】，弹出【添加字段】对话框，设置【名称】为【赋值】，选择【类型】为双精度。

④ 右键点击【赋值】列的列标题，在弹出菜单中选择【字段计算器...】，显示【字段计算器对话框】。点击下部输入框，输入【2】，点击【确定】完成实验范围绿地数据赋值。

⑤ 以同样的方式，为【实验范围】数据赋值【1】。

（2）**步骤2**：将矢量数据转为栅格数据。

① 在【目录】面板中，浏览到【工具箱/系统工具箱/Conversion Tools. tbx/转为栅格/面转栅格】，双击打开【面转栅格】工具。

② 设置【输入要素】为【绿地】，【值字段】为【赋值】，设置【输出栅格数据集】为【绿地_栅格】。

③ 设置【像元大小（可选）】为【8】，其他设置保持默认，点击【确定】完成面转栅格分析。

④ 以同样的方式，将【实验范围】数据转为【实验范围_栅格】数据。

转换之后的栅格数据如图5-14所示，栅格数据中除绿地自身以外，其余为空值。

像元大小可根据研究需求进行设置，像元越小，数据分辨率越高，数据量越大。当数据量过大时，则无法输入Guidos Toolbox，可分幅进行后续的运算。

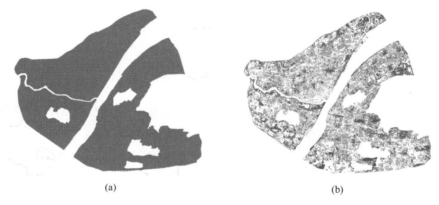

(a)   (b)

图 5-14　实验范围与绿地的栅格数据

（a）实验范围；（b）绿地空间分布

（3）**步骤3**：像元统计数据，将绿地、实验范围数据叠加在一起。

① 在【目录】面板中，浏览到【工具箱/系统工具箱/Spatial Analyst/局部分析/像元统计数据】，双击打开【像元统计数据】工具。

② 在【输入栅格数据或常量值】中添加【实验范围_栅格】【绿地_栅格】，设置【输出栅格】为【绿地二值】，设置【叠加统计（可选）】为【MAXIMUM】①，其他设置保持默认，点击【确定】完成像元统计数据分析（图5-15）。

---

① 像元统计数据工具是一类数据叠加取并集的工具，【叠加统计（可选）】中包含【MINIMUM】【MEAN】【SUM】等10个统计方式，不同统计方式得到的结果不一样，例如选择【MEAN】则会计算两个数据的平均值，其数据结果的像元值将会出现【1】【1.5】两种。本步骤的目的是绿地覆盖区域取值【2】，其余区域取值【1】，故选择【MAXIMUM】。

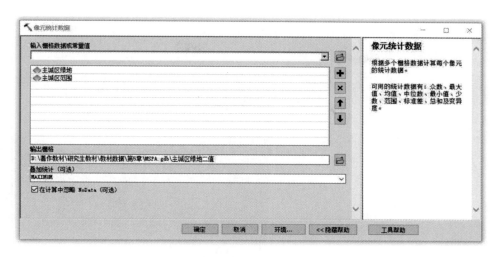

图 5-15　【像元统计数据】工具设置

（4）**步骤 4**：导出 tiff 格式的栅格数据。

① 在【内容列表】面板中，右键点击【绿地二值】图层，在弹出的菜单中选择【数据】【导出数据】，弹出【导出栅格数据—绿地二值】对话框。

② 设置【像元大小（cx，cy）（E）】为【8】【8】，【位置（L：）】选择一个输出文件夹，设置【名称（M：）】为【绿地二值.tif】，设置【Nodata 为：】为【0】，其他设置保持默认，点【确定】完成 tiff 格式的栅格数据导出。

实验范围、绿地二值栅格数据如图5-16所示，数据中绿地区域像元值为【2】，其余区域像元值为【1】。

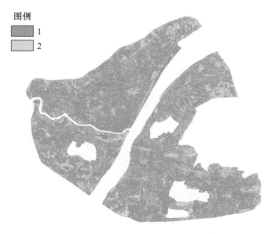

图 5-16　实验范围、绿地二值栅格数据

2. 生成 MSPA 要素

（1）**步骤 1**：数据输入。

打开 Guidos Toolbox 3.0 软件，在菜单栏中依次点击【File】【Read image】，在弹出的菜单中选择【GeoTIFF】或【Generic】（根据数据源类型进行选择，此处选择【Generic】），

弹出【Select Image File】对话框。在该对话框中，选择【绿地二值.tif】数据所在文件夹路径并点击，其他设置保持默认，点击【Open】，右侧面板即显示数据预览图（图 5-17）。

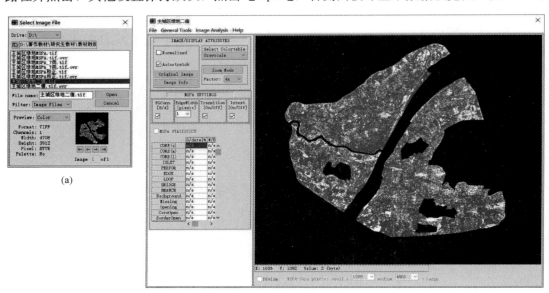

(a)

(b)

图 5-17　Guidos Toolbox 3.0 软件输入数据界面
(a) 选择输入数据的界面；(b) 数据导入后的界面

（2）**步骤 2**：参数设置。

① 在当前界面中进行参数设置。

② 分析方法选择。对【FGConn［8/4］】进行设置，默认勾选为八邻域分析方法，取消勾选为四邻域分析方法，通常选择默认，即八邻域分析方法。

③ 边缘宽度设置。对【EdgeWidth［pixels］】进行设置，改参数以像素为单位定义非核心类的宽度或厚度，实际距离对应于边缘像素的数量乘以数据的像素分辨率。通常边缘宽度越大，核心区、边缘区越少，桥接区越多，需要根据具体研究情况进行选择。此处设置为【2】。

④ 其他设置。对【Transition［On/Off］】进行设置，勾选则为【on】，即核心区、边缘区更少，桥接区、环岛区更多，不勾选即【off】，则相反。对【Intext［On/Off］】进行设置，勾选则为【on】，则分析得到的景观类型会分为内外，不勾选即【off】，即分析得到的景观类型不会分为内外。这两项设置及面板中的其他设置通常设置为默认。

（3）**步骤 3**：进行 MSPA 分析。

① 在软件上方菜单栏中用鼠标左键点击【Image Analysis】，在弹出的菜单中依次选择【Pattern】【Morphological】【MSPA】。

② 分析结果会呈现一幅图像，灰色对应背景值，其余 7 种颜色对应前景的 7 种空间形态，白色对应 Nodata 数据部分（图 5-18）。

③ 勾选界面左侧的【MSPA STATISTICS】，则生成 7 类 MSPA 要素与背景的数值。

（4）**步骤 4**：保存结果。

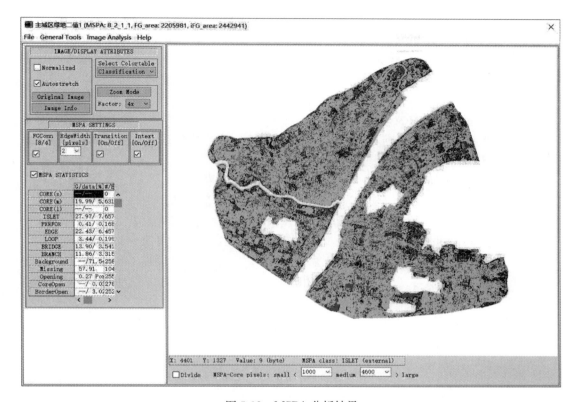

图 5-18　MSPA 分析结果

在软件上方菜单栏中点击【File】，在弹出的菜单中依次选择【Save Image】【GeOTIFF】或【Generic】（根据数据源类型进行选择，此处选择【Generic】【Tiff】，在弹出的对话框中选择保存的文件夹路径，并给输出文件命名为【绿地 MSPA. tif】，保存类型选择默认。

保存的数据包含两类：tiff 格式的数据文件与 TXT 格式的文本文件，文本文件记录着各项指标数值（图 5-19）。

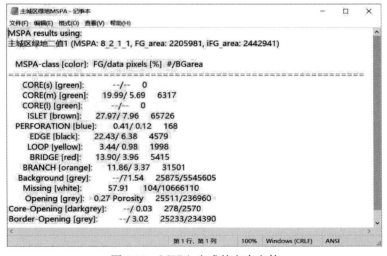

图 5-19　MSPA 生成的文本文件

文本中包含两列数据，第一列数据由【FG/data pixels［%］】构成，分别表示 7 类 MSPA 要素占前景（即所有绿地）的比例、7 类 MSPA 要素占整个实验范围的比例，第二列数据由【♯/BGarea】构成，表示 7 类 MSPA 的数量。这些数值是以整个实验范围的所有绿地为一个整体计算得出的，代表的是整个实验范围的绿地空间形态格局。

3. 空间定位

以上步骤生成的 MSPA 数据未带有空间坐标信息，则无法将其与其他数据进行叠加分析，因此需要通过地理配准对其赋予空间坐标信息。本次实验以【实验范围】矢量文件为基准，对【绿地 MSPA】进行配准。

（1）**步骤 1**：添加控制点。

① 打开 ArcMap，添加【实验范围】【绿地 MSPA. tif】数据。

② 在菜单栏中右键点击空白区域，在弹出的窗口勾选【地理配准】。

③ 在【地理配准】工具中下拉选择需要配准的底图数据，即【绿地 MSPA. tif】。

④ 点击【地理配准】工具条上【添加控制点】按钮，先在【绿地 MSPA. tif】数据上选择一个控制点，随后在【实验范围】中相应的位置点选择控制点，由此完成一对控制点的绘制[①]。

⑤ 以同样的方式再次添加控制点 6~8 对，控制点应当分布均匀，尽量选择易于判别的位置，例如尖角、拐角处（图 5-20）。

图 5-20　控制点的空间分布

---

① 由于【绿地 MSPA. tif】未带有空间坐标信息，它与【绿地】数据在空间上可能相差甚远，在确定了【绿地 MSPA. tif】的控制点之后，为了快速找到【实验范围】上的相应位置，可在【内容列表】面板上右键点击【实验范围】图层，在弹出的菜单中选择【缩放至图层】，从而找到相应位置点。

（2）**步骤 2**：检查控制点误差与校正。

① 点击【地理配准】工具条上【查看连接表】按钮，显示【链接】窗口（图 5-21），将下方【变换】选择为【二阶多项式】，检查上方残差数值，若足够小，则配准结果精确。

② 当残差数值较小，且【绿地 MSPA.tif】与【实验范围】无偏差重叠时，可以点击【地理配准】工具条上【地理配准】按钮，在弹出的菜单中选择【校正（Y）】，将校正文件保存到路径，命名为【绿地 MSPA_校正.tif】，完成地理配准。

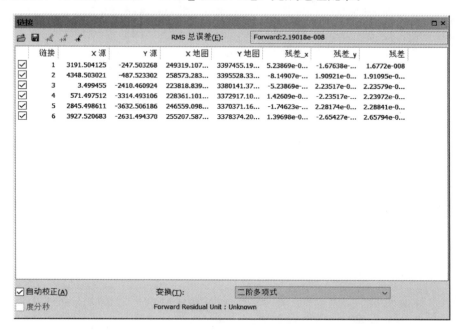

图 5-21 控制点链接表

将【绿地 MSPA_校正.tif】添加进 ArcMap 中，可以发现它能自动与实验的初始数据重叠，并带有与【实验范围】相同的投影坐标信息。

4. 数据后处理

Guidos Toolbox 生成的 MSPA 数据像元值中，一共有 18 类值，同一个 MSPA 要素拥有多个值，例如核心要素包含了 117、17 两个值（图 5-22），除绿地以外的区域也被赋予值，因此需要进一步进行梳理，将其转化为 7 类数值，分别对应 7 类 MSPA 要素。

（1）**步骤 1**：重分类。

① 打开 ArcMap，添加【绿地 MSPA_校正.tif】数据。

② 在【目录】面板中，浏览到【工具箱/系统工具箱/Spatial Analyst Tools.tbx/重分类/重分类】，双击打开【重分类】工具。

③ 设置【输入栅格】为【绿地 MSPA_校正.tif】，【重分类字段】为【Value】，在【重分类】中，依据图 5-22 最后一列中的像元值进行新值赋值[①]，【输出栅格】为【绿地

[①] 本实验赋值如下：117、17→1；109、9→2；105、5→3；103、3→4；165、65、167、67、169、69→5；133、33、135、35、137、37→6；101、1→7；0、220、100、129→NoData。由此生成的数据中，【Value】字段的 1、2、3、4、5、6、7 分别代表核心、孤岛、孔隙、边缘、环线、桥接、分支，便于区分各类 MSPA 要素。

Class	Color	RGB	Value [byte] internal/external
1) Core		000/200/000	117 / 17
2) Islet		160/060/000	109 / 9
3) Perforation		000/000/255	105 / 5
4) Edge		000/000/000	103 / 3
5a) Loop		255/255/000	165 / 65
5b) Loop in Edge		255/255/000	167 / 67
5c) Loop in Perforation		255/255/000	169 / 69
6a) Bridge		255/000/000	133 / 33
6b) Bridge in Edge		255/000/000	135 / 35
6c) Bridge in Perforation		255/000/000	137 / 37
7) Branch		255/140/000	101 / 1
Background		220/220/220	0
Opening		220/220/220	0 (if Intext=0)
Border-Opening		194/194/194	220 (if Intext=1)
Core-Opening		136/136/136	100 (if Intext=1)
Missing		255/255/255	129 /129

图 5-22　Guidos Toolbox 生成的 MSPA 数据的像元值

MSPA＿七类.tif】（图 5-23）。

图 5-23　【重分类】工具参数设置

重分类的结果如图 5-24 所示，数据的【Value】字段仅有 7 个类别，分别对应 7 类 MSPA 要素，【Count】字段代表相应 MSPA 要素的像元数量。

（2）**步骤 2**：优化显示效果。

① 打开【绿地 MSPA＿七类.tif】的图层属性，切换至【符号系统】选项卡，在【唯一值】的显示方式下，依据图 5-22 第三列所显示的 RGB 颜色对各类 MSPA 要素进行颜色设置。

② 以【Value】值为 1 的核心为例，双击该色块弹出色卡窗口，点击【更多颜色…】，

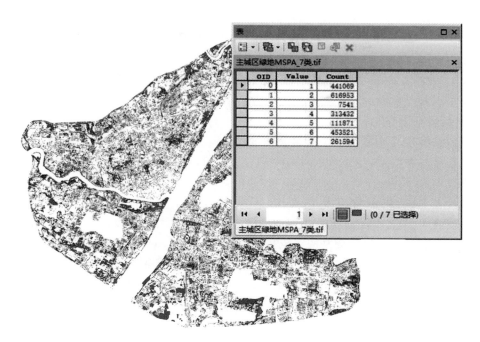

图 5-24　重分类后的绿地 MSPA 数据

在弹出的对话框中将右上角的色彩模式切换至【RGB】模式，并在下方的三个窗口中分别输入【0】【200】【0】，点击【确定】完成核心要素的颜色设置。

③ 以同样的方法对其余 6 类 MSPA 要素进行颜色设置，点击【符号系统】选项卡的【确定】完成整个数据的颜色设置。

④ 右键点击【内容列表】中的【绿地 MSPA＿七类 . tif】图层，点击【另存为图层文件（Y）…】，可将设置好的颜色导出，供后续其他数据使用。

至此，对于实验范围绿地的 MSPA 分析已全部完成，并得到数据结果与图像结果。基于该数据结果，可进一步展开更多维度的分析，例如将实验区进行栅格划分，或以行政单元为边界进行空间划分，计算各个单元中的各类 MSPA 指标。实现方法参考本书第 2 章的建筑轮廓数据的应用分析。

5.4　城市绿地的连通性研究

5.4.1　概述

连通性是"点集拓扑学"中的基本概念，将其应用于风景园林领域，延伸出景观连通性的概念，它是指对景观空间结构中要素的结构连接，是对要素相互之间连续性的度量，与景观要素的拓扑结构有关。连通性当前主要应用于景观生态学领域的分析，依托景观要素之间的连通性，进行生态廊道或生态网络的构建。

5. 4. 2　实验简介

1. 实验对象简介

本次实验选取与上一部分 MSPA 研究相同的实验对象，针对某城市三环线以内的区域开展分析，剔除其中的 5 个大型湖泊，以余下的范围作为实验区域。

2. 实验数据简介

实验数据涉及【实验范围】面要素矢量数据、【绿地 MSPA _ 七类 . tif】栅格数据。数据的投影坐标系为 CGCS2000 3 Degree GK CM 114E。

3. 实验工具简介

实验涉及 ArcGIS 软件以及 Conefor 工具。Conefor 包含可以独立运行的应用程序，以及可以安装于 ArcGIS 的插件，用于分析生态斑块的重要性程度，计算景观连通性，被认为是空间生态分析和保护规划决策支持的重要工具。Conefor 独立运行程序可在官网免费下载，本书采用 Conefor 2.6 进行分析，下载之后得到安装包【Conefor26】。插件下载之后得到适用于 ArcGIS 10. x 的安装包【Conefor _ Inputs _ 10】。

5. 4. 3　连通性分析

1. Conefor 插件安装与设置

（1）**步骤 1**：安装插件。

在 ArcGIS 关闭状态下安装 Conefor 插件。安装完成之后，找到安装路径中的【Make _ Batch Files】与【Uninstall _ Conefor _ Inputs】，右键点击【以管理员身份运行（A）】。

（2）**步骤 2**：ArcGIS 设置。

① 打开 ArcMap，依次点击菜单栏中的【自定义（C）】【自定义模式（C）…】，弹出【自定义】窗口。切换至【选项】面板，点击底部的【从文件添加（A）…】，选择插件安装路径下的【Conefor _ inputs2. dll】，弹出【添加的对象…】窗口，点击【确定】。

② 此时，在【自定义】窗口的，【工具条】面板中出现【Conefor】工具条，将其勾选，随机弹出 Conefor 工具条。

2. 连通性分析

（1）**步骤 1**：筛选参与连通性分析的绿地斑块。

本实验将 MSPA 中得出的面积在 $1hm^2$ 以上的核心作为参与连通性分析的绿地斑块，生成的结果将包含整个实验区所有斑块的整体连通性指数 EC（IIC）、可能连通性指数 EC（PC）、各个斑块的各项连通性指数，具体步骤如下。

① 在 ArcMap 中，打开【绿地 MSPA _ 七类 . tif】栅格数据的属性表，选中核心所在的记录，即【Value】字段为 1 的记录。

② 在【目录】面板中，浏览到【工具箱/系统工具箱/Conversion Tools. tbx/由栅格转出/栅格转面】，双击打开【栅格转面】工具。

③ 设置【输入栅格】为【绿地 MSPA _ 七类 . tif】，【字段（可选）】为【Value】，【输出面要素】为【核心】，不勾选【简化面（可选）】，其余保持默认，点击【确定】完成核心的栅格转面。

④ 打开【核心】的属性表，通过【按属性选择】的方式，筛选出面积大于 $1hm^2$ 的核

心斑块，将其导出为【核心斑块】。

【核心斑块】中一共包含 476 个斑块，该数据即为参与连通性分析的数据（图 5-25）。

图 5-25　用于连通性分析的核心斑块

（2）**步骤 2**：生成用于连通性分析的节点（Node）与连接（Connection）文件。

① 打开【核心斑块】属性表，添加一个短整型字段【Node】，通过字段计算器输入公式【［OBJECTID］】为其赋值，将【OBJECTID】字段的值赋值给【Node】字段，数值为 1～476。

② 在 ArcGIS 中打开【Conefor】工具条，按图 5-26 进行设置。

③ 首先，选中【Select Layers】中的【核心斑块】，在【Select ID Field】中选择【Node】，【Select Attribute Field】中选择【Shape_Area】。

④ 其次，设置分析距离【Restrict analysis to features within specified distance】为【3000】[①]。往下设置连通性的距离计算方式，选择【Calculate from Feature Edges】，意味着在计算连通性时，将从核心斑块的边缘进行计算。【Calculate from Feature Centroids】代表计算核心斑块的质心之间的距离，【Calculate from Feature Centroids】代表计算核心斑块的球面质心之间的距离。

⑤【Output Options】中勾选所有选项。

⑥ 将输出数据存放于新建的【连通性】文件夹中，点击【OK】开始运行。

浏览到创建的【连通性】文件夹，发现文件夹中生成了【distances_核心斑块.txt】

---

① 分析距离的设置将会影响实验结果，其设置取决于实验区所处的空间环境，本实验区为某城市三环线以内的区域，核心斑块之间的距离较远，因此以 3000m 为例进行分析。若实验区为城郊，则会存在较多的大规模核心斑块，此时可减小分析距离。

与【nodes _ 核心斑块 . txt】，分别代表连接（Connection）与节点（Node）文件。文件夹中还包含【connections _ 核心斑块 . shp】矢量文件（图 5-27）。

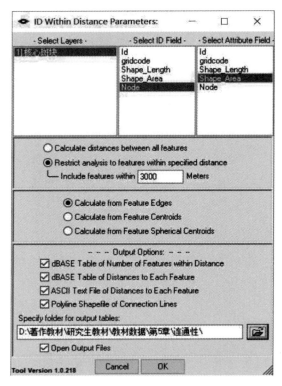

图 5-26　【Conefor】工具条设置面板

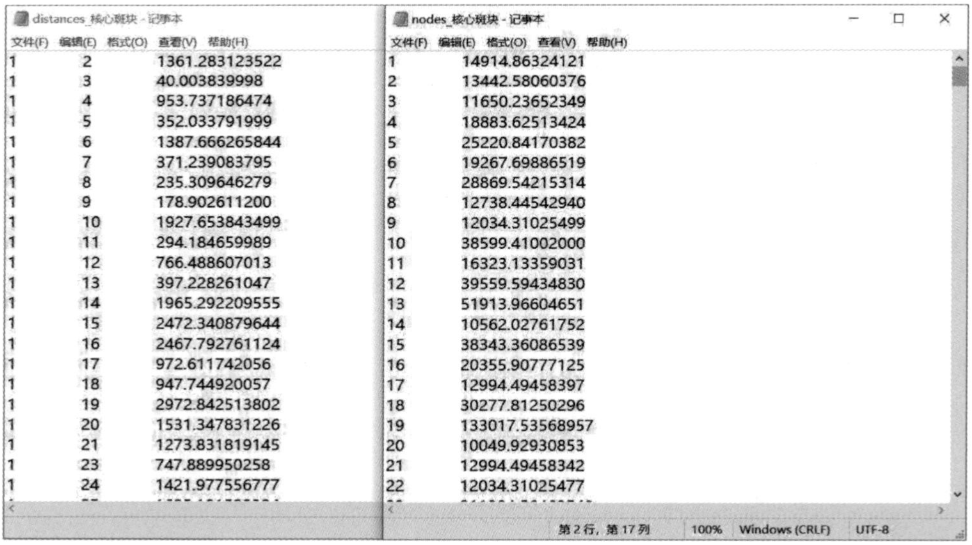

图 5-27　节点与连接文件

在 ArcMap 中，自动加载了【connections_核心斑块.shp】矢量文件（图 5-28）。打开该数据的属性表，表中显示了各条连接线所连接的两个核心斑块的编号，以及连接线的长度。

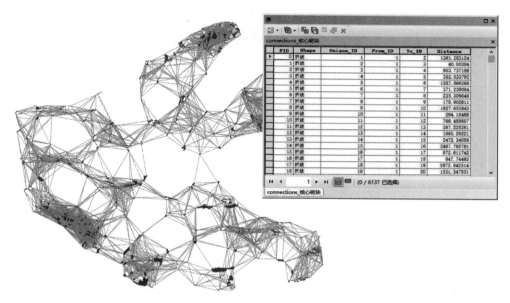

图 5-28　核心斑块的空间连接关系

（3）**步骤 3**：设置与运行。

① 双击打开【Conefor26】中的应用程序，即可打开 Conefor 运行界面。按照图 5-29 进行设置。

② 设置【Node file】为【nodes_核心斑块.txt】，【Connection file】为【distances_核心斑块.txt】，并选择分析为【Partial】。

③ 在【Connectivity indices】设置区中，勾选【IIC】【PC】，并设置【Distance threshold】【Distance】与步骤 2 分析距离一致，即【3000】；设置【corresponds to probability】为【0.5】，即连通的概率为 50%，该值为研究普遍采用的概率。

④ 在【Mode】设置区中，点击【Run】开始运行。软件的运行时间与输入的斑块数量相关，本实验中共有 476 个斑块，耗时 4 分钟运行完成。

⑤ 运行完成以后，点击右下角的【View node importances】，可浏览各个斑块的重要性程度指数 dPC。

（4）**步骤 4**：保存结果。

① 依次点击菜单栏中的【Results】【Node importances】【Save as txt file…】，可将各个斑块的重要性指标的详细数据保存为文本文件【node_importances】。

② 依次点击菜单栏中的【Results】【Overall index values】【Save as txt file…】，可将实验区范围内的总体连通性指标保存为文本文件【overall_indices】（图 5-30）。

【node_importances】文件中包含 10 个字段，分别为斑块编号【Node】与【dA】，后 8 个字段代表了 8 项指数。第 3～6 列为整体连通性指数，字段名称以 dIIC（Integral Index of Connectivity）开头，分别为【dIIC】【dIICintra】【dIICflux】【dIICconnector】。

图 5-29 Conefor 2.6 的设置界面

overall_indices - 记事本

IICnum:	8.714488E13
EC(IIC):	9335142.0000000
PCnum:	7.955577E13
EC(PC):	8919404.0000000

node_importances - 记事本

Node	dA	dIIC	dIICintra	dIICflux	dIICconnector	dPC	dPCintra	dPCflux	dPCconnector
1	0.0686619		0.1145127		0.0002553	0.1142575		0.0000000	0.1024922
2	0.0618841		0.1040838		0.0002074	0.1038764		0.0000000	0.0974610
3	0.0536329		0.0881685		0.0001557	0.0880128		0.0000000	0.0816147
4	0.0869325		0.1460945		0.0004092	0.1456853		0.0000000	0.1355633
5	0.1161064		0.1951229		0.0007299	0.1943929		0.0000000	0.1815279
6	0.0887006		0.1491867		0.0004260	0.1487607		0.0000000	0.1511430
7	0.1329035		0.2233513		0.0009564	0.2223949		0.0000000	0.2358744
8	0.0586426		0.0979571		0.0001862	0.0977709		0.0000000	0.0974967
9	0.0554010		0.0910752		0.0001662	0.0909090		0.0000000	0.0833249
10	0.1776959		0.3025216		0.0017097	0.3008119		0.0000000	0.3086242
11	0.0751450		0.1235328		0.0003057	0.1232271		0.0000000	0.1134455
12	0.1821162		0.3063075		0.0017958	0.3045117		0.0000000	0.3050973
13	0.2389906		0.3940370		0.0030926	0.3909444		0.0000000	0.3649221
14	0.0486232		0.0868185		0.0001280	0.0866905		0.0000000	0.0913301
15	0.1765171		0.3149869		0.0016871	0.3132998		0.0000000	0.3408098
16	0.0937103		0.1673394		0.0004755	0.1668639		0.0000000	0.1749800
17	0.0598213		0.1005557		0.0001938	0.1003620		0.0000000	0.0998024
18	0.1393866		0.2342999		0.0010520	0.2332479		0.0000000	0.2448526
19	0.6123582		1.0990110		0.0203037	1.0770780		0.0016293	1.0169570
20	0.0462658		0.0778790		0.0001159	0.0777631		0.0000000	0.0805884
21	0.0598213		0.0969629		0.0001938	0.0967691		0.0000000	0.0921891

第 469 行，第 5 列 100% Windows (CRLF) UTF-8

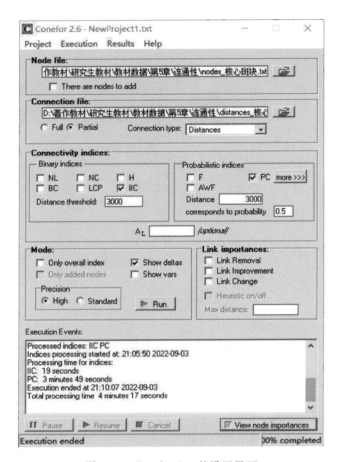

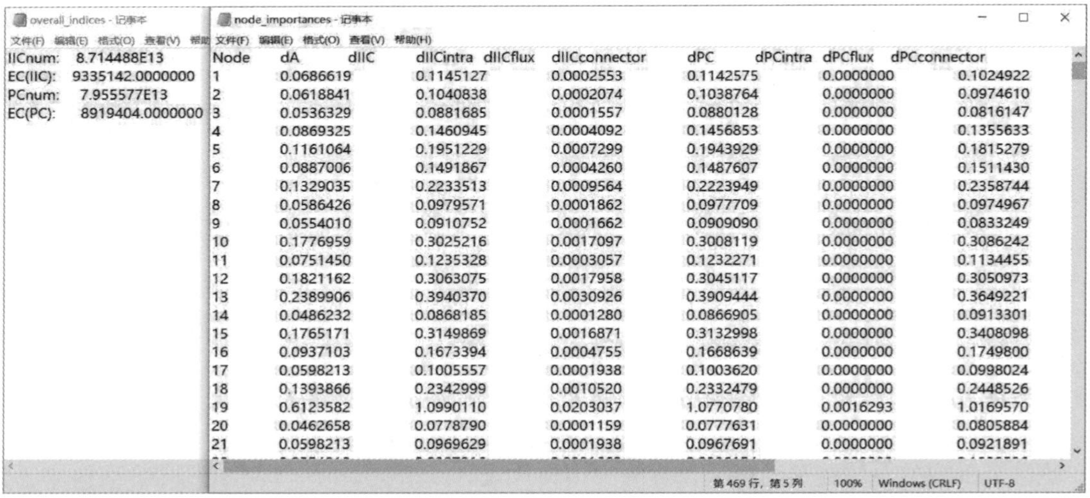

图 5-30 连通性分析结果的文本文件

第 7～10 列为可能连通性指数，字段名称以 dPC（Probability of Connectivity）开头，分别为【dPC】【dPCintra】【dPCflux】【dPCconnector】。dIIC 与 dPC 开头的字段之间的差异在于，dIIC 以斑块之间的拓扑距离进行计算，反映各个斑块的各项整体连通性指数，而 dPC 以最大乘积概率进行计算，反映各个斑块的各项可能连通性指数。其中，dIIC 表示各个斑块的重要性程度，dIICintra 是考虑斑块属性的平方函数得到的指数，dIICflux 用于评估特定斑块之间的扩散通量，dIICconnector 用于衡量分析的斑块对其他斑块之间连通性的贡献，作为它们之间的连接元素或踏脚石。dPC 开头的指数与 dIIC 类指数相似，区别在于它的数据结果更加粗略。

（5）**步骤 5**：斑块的重要性可视化。

① 将【node_importances】的数据复制到一张 Excel 表中，并另存为 csv 格式数据【斑块重要性 . csv】。

② 在 ArcMap 中添加【斑块重要性 . csv】，显示为一张数据表。同时添加【核心斑块】矢量数据。

③ 在【内容列表】中右键点击【斑块重要性 . csv】打开它的属性表，同时打开【核心斑块】的属性表，点击【核心斑块】属性表的左上角【表选项】，依次选择【连接和关联】【连接】，弹出【连接数据】窗口。

④ 设置【选择该图层中连接将基于的字段（C）】为【Node】，【选择要连接到此图层的表…】为【斑块重要性 . csv】，【选择此表中要作为连接基础的字段（F）】为【Node】，点击【确定】完成数据连接。

⑤【核心斑块】属性表中新增【斑块重要性 . csv】表中所有的字段。将【核心斑块】数据导出为【核心斑块重要性】，随后可移除连接。

⑥ 将【核心斑块重要性】按照【dIIC】字段进行符号化显示，颜色越深的斑块表示其重要性程度越高。

思 考 题

1. 景观格局、形态学空间格局与连通性之间具有怎样的关系？
2. 风景园林其他主流的研究分析有哪些？

第**6**章

基于编程的景观大数据获取与分析

本章要点 🔍

1. 学习编程在景观研究中的适用范围。
2. 了解 R 语言的基础，学习基本语法。
3. 使用 R 语言和多源数据进行景观案例分析。

我国的空间治理模式正在经历转型。在国土空间规划背景下，规划设计行业正在革新工作方式和面临新的业务需求。融合多源地理信息，分析容量日趋庞大的社会生态数据，并尝试将规划设计决策与当下蓬勃发展的数据科学相结合，已成为景观研究者重要的工作内容。基于编程的景观大数据获取与分析在中外的研究实践中已成为新兴热点。本章将介绍景观研究与编程的理论基础，通过剖析实际研究案例，向读者展示使用编程语言 R 的基本操作流程，以及探讨如何将编程有效地运用于景观研究。

6.1 理论基础

6.1.1 景观研究与编程简述

在景观规划与设计的研究中，使用编程语言和相应技术进行计算并不是新鲜事物。前文讲述了研究者如何使用 GIS 工具，特别是 ArcGIS 等软件进行定量分析。当分析任务涉及多项分析命令和重复性的数据处理工作时，需要借助模型构筑器（Model Builder）来搭建分析流程。模型构筑器本质上是一种可视化编程，即用直观、紧凑的操作空间来排布复杂的分析步骤。而复杂的数据分析流程也是由一条一条的数据分析管道（Data Analysis Pipe）构成的。

一条典型的数据分析管道包含输入数据、使用命令进行分析、储存结果等步骤。当分析任务需要针对某一个目标，组织搭建多条数据管道并相互连接时，这个分析过程就体现了编程的属性。在景观的设计和研究中，可视化编程的思想渗透到了多个常用软件，并允许用户根据自身需要进行灵活的构建。除了常用的 ArcGIS，可视化编程还可见于建模软件犀牛 Rhino 的参数化模块 Grasshopper，以及开源地理信息软件 GRASS GIS 和 QGIS 等。图 6-1 展示了 QGIS 的可视化编程。用户通过添加数据和分析命令模块，能快速地搭建复杂和可复现的分析流程。

可视化编程是广义编程的一个特殊分支。一方面，可视化编程降低了复杂任务的技术

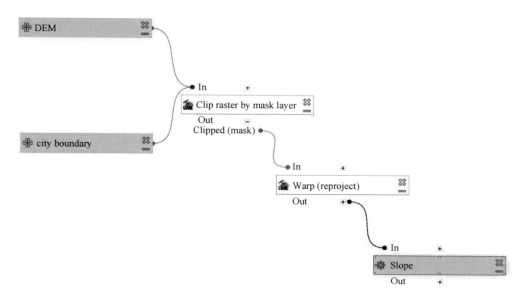

图 6-1　模型构建器的可视化编程

门槛，使用户能够不写代码就能灵活操作程序，并且能直观地理解数据在整个分析流程中的走向，便于纠错和改正。另一方面，所有分析软件都是由代码编写而成的，但不是所有软件都面向用户专门开发了可视化编程的界面。因此，广义的编程分析是指用命令行（Command Line）输入代码，通过运行分步或分块的代码与计算机进行交互，并获取研究结果的过程。相较于可视化编程，基于命令行的编程有以下优点。

（1）可重复性佳。编写分析代码的过程相当于使用者自己开发一个程序，在这个过程中需要反复运行和调试。相较于鼠标操作的图形界面，命令行编程记录了所有的操作步骤，没有隐藏的过程，因此更容易追踪运行状况，提早定位和修复错误，践行定量研究中"可复现"的基本原则。

（2）可读性和可编辑性强。代码以文本的形式保存，信息密度高并且便于阅读，能够帮助开发者和使用者总观全局，深入理解关键的细节。

（3）过程灵活。能够自由组合分析模块，搭建个性化的分析管道，使研究不受限于软件默认的功能设置。

（4）便于分享和可延展。由于代码是文本信息，能够方便和与别人分享。同样的原因，本地编写的代码可以在其他计算机或者服务器平台运行，突破性能限制。

（5）资源消耗相对较少，速度可能更快。由于命令行更贴近程序的底层操作，不需要专门开发图形界面，因此在运行程序时能节省计算资源，相同条件下速度更快。图 6-2 展示了 R 语言的命令行界面。

然而使用命令行编程来进行数据分析，尤其是进行空间数据分析，也有一定的劣势。由于命令行编程需要使用代码来调取所有的命令，并且缺乏实时的视觉反馈，所以学习难度较大。编程要求使用者除了具备必要的计算机知识外，还需要事先掌握分析的内容和方法的理论基础，比如数据类型、数据结构、GIS 分析命令的原理等。因为这些现实的挑战，在风景园林专业的课堂教学中融入具备研究深度的编程教学，仍是当下的难点。但是

```{r}
enshi_rst_2000 = raster(enshi_tr_2000)
enshi_rst_2010 = raster(enshi_tr_2010)
enshi_rst_2020 = raster(enshi_tr_2020)

enshi_rst_3 = stack(enshi_rst_2000, enshi_rst_2010, enshi_rst_2020)
enshi_rst_3 %>% plot()

check_landscape(enshi_rst_3)
```

```{r}
enshi_rst_2000 %>% mapview()
```

SHDI

```{r}
plot_id_ = pull(test_vl %>% st_drop_geometry(), VillageCN)
res_tbl = sample_lsm(enshi_rst_3,
                     y = test_vl,
                     plot_id = plot_id_,
                     size = 3000,
                     what = "lsm_l_shdi")
```

```{r}
res_tbl_shdi = res_tbl %>%
  mutate(year = case_when(
    layer == 1 ~ "2000",
    layer == 2 ~ "2010",
    layer == 3 ~ "2020",
  )) %>%
  arrange(plot_id, layer)%>%
  view()
```

图 6-2　使用命令行编程进行环境数据分析

笔者认为，使用编程语言进行空间数据分析的社会需求已经到来，并且伴随着新工具、新数据、新传播方式的涌现，学习编程的门槛正逐渐降低。景观研究与编程的结合将会越来越紧密。

6.1.2　编程语言 R 介绍

开发者通常根据不同的使用需求，创造出不同的编程语言。截至 2022 年，共有超过 700 种编程语言被创造出来，其中超过 50 种仍有活跃的用户群体。相应地，不同的编程语言也有各自的侧重及擅长领域。例如 C 语言常被用于底层开发或对性能要求较高的计算领域；Python 语言被认为是"胶水式"的通用语言，适合 API 开发和科学计算；R 语言在统计分析中具有深厚的背景；JavaScript 语言适合网站开发和移动端开发等。根据著名代码托管网站 Github 的统计，针对数据分析领域，目前热门的编程语言有 Python、R、C、C++、Julia 等语言。

其中，Python 和 R 语言因为其丰富的工具包、完善的代码生态系统以及活跃的用户社区被认为是目前最主流的数据分析语言。表 6-1 展示了数据科学咨询网站 KDnuggets 发布的编程语言流行度调查结果，Python 和 R 语言位居 2019 年的前两位。本章分析将使用 R 语言实现，但相同的分析过程也可以用 Python 或其他语言实现。

平台	2019 份额占比（%）	2018 份额占比（%）	占比变化（%）
Python	65.8	65.6	0.2
R 语言	46.6	48.5	−4.0
AQL 语言	32.8	39.6	−17.2
Java	12.4	15.1	−17.7
Unix shell/awk	7.9	9.2	−13.4
C/C++	7.1	6.8	3.7
Javascript	6.8	—	—
Scala	3.5	5.9	−41.0
Julia	1.7	0.7	150.4
Perl	1.3	1.0	25.2
Lisp	0.4	0.3	46.1
其他	5.7	6.9	−17.1

数据科学咨询网站 **KDnuggets** 发布的编程语言流行度调查结果　　表 6-1

R 语言于 1991 年由 Ross Ihaka 和 Robert Gentleman 在新西兰的奥克兰大学创造。在设计阶段，R 语言的核心任务就是服务于统计科学和数据分析。为此 R 语言具有原生的数据框（data frame）和绘图系统，内置了常用的数值计算函数，并发展出易于安装和管理第三方程序包的系统以进一步延展功能模块。第三方程序包可理解为由开发者打包封装好的"代码插件"，它们极大地丰富了 R 语言的生态系统，并使得不同领域的研究者能够基于 R 语言编写更贴近本领域需求的工具。经过三十多年的发展，R 语言不断演化，已在景观和空间数据分析领域形成了较大规模，并有一定优势。以下为 R 语言在空间数据分析中常用的程序包（图 6-3）。

数据操作　　可视化　　矢量数据处理　　栅格数据处理　　云计算

图 6-3　R 语言在空间数据分析中常用的程序包

（1）【sf】，用于读写、分析、展示矢量数据。

（2）【terra】和【raster】，用于读写、分析、展示栅格数据。

（3）【tidyverse】工具合集，包含著名的【dplyr】和【ggplot2】等工具包，用于数据框的操作和可视化等。

（4）【tidymodels】工具合集，用于机器学习等建模操作。

（5）【landscapeverse】工具合集，用于景观指数等的分析计算。

6.2　编程语言 R 的操作教程

6.2.1　安装调试

首先安装 R 和配套的软件。R 是开源语言，可以免费从官方网站 CRAN 下载。不论是 Windows、Mac 还是 Linux 系统，R 都能够下载安装。下载最新的版本后，在本地硬盘选择安装位置。需要注意的是，如果用户的操作系统是 windows，一般来说还需要在官网下载 rtools 工具包并安装，目的是确保一些特殊的程序包能够正常运行。图 6-4 显示了R 语言在官方网站 CRAN 的下载页面，用户在右侧选择合适的操作系统后即可开始免费下载。

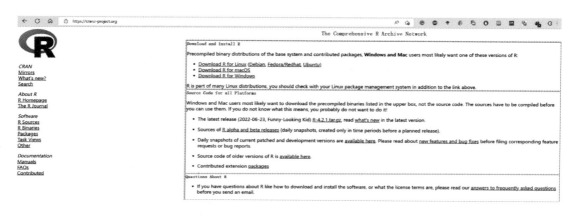

图 6-4　R 语言在官方网站 CRAN 的下载页面

下载完 R 语言的主体程序后，用户可以根据需要选择合适的代码编辑器。R 语言的主程序和编辑器的关系，可以类比作汽车引擎和操作台的关系。主体语言是计算引擎，编辑器则提供了便捷的操作界面。目前针对 R 使用的最主流的编辑器是 RStudio，用户可免费下载开源版本。编辑器的作用包括代码项目管理、自动补全、可视化的程序包管理、内置的图形和变量查看器等。除了 RStudio 之外，用户还可以选择 Visual Studio Code 编辑器。本章选用 RStudio 作为代码编辑器。

6.2.2　R 语言基础语法

R 语言的基础语法包括基本的加减乘除、赋值以及逐渐复杂的函数计算等。R 语言良好的交互性使代码可以分行、分块运行并及时反馈。图 6-5 显示了输入代码和输出结果的过程。需要注意的是，作为约定的表达方式，井号（#）将作为代码的注释，即#后的内容 R 语言在运行时将不执行，仅作为展示和注释用。

R 语言中最基本的数据结构是向量（vector），代表一列同类的元素，比如一列整数、小数或者一列字符。这种同质的数据结构可以方便地批处理向量内的每一个元素，或者进行总结运算。图 6-6 展示了数值向量的计算和字符向量的操作。

R 语言中其他常用的数据结构还有列表（list）、数据框（data frame）等。列表和向

```
27 + 21 #加减乘除
#> [1] 48

a = 2 # 赋值和代数运算
a^3
#> [1] 8

b = 18 / sqrt(4) # 带有函数的运算
c = b * 2
c
#> [1] 18
```

图 6-5　R 语言的基本数值计算功能

```
d = c(1, 3, 5, 7, 9) # 创建一个向量，需要用函数c()接收一列同类元素
e = d * 2 # 向量的加减乘除等计算，即对向量的每一个元素进行计算
e
#> [1]  2  6 10 14 18
f = mean(d) # 向量的总结计算，结果的长度为1
f
#> [1] 5

g = "我来自"
h = c("湖北", "云南", "四川")
i = "很高兴认识你们!"
paste0(g, h, ",", i) # 粘贴字符
#> [1] "我来自湖北,很高兴认识你们!" "我来自云南,很高兴认识你们!"
#> [3] "我来自四川,很高兴认识你们!"
```

图 6-6　R 语言的向量操作

量不同，列表可以存储不同类型的数据变量，而数据框则可以理解为表格。这两种数据结构通常用来存储复杂的数据变量。

面向用户，数据框是 R 语言中最常见的数据储存形式。数据框可以理解为表格，通常每一列存储一个变量（variable），每一行存储一个案例（case），如某一个房屋的各类变量的数据，建造年份、房屋面积等。调用函数【class】或者【typeof】可以查看数据变量的类型。

本部分将使用公共开源数据集【ames】（美国爱荷华州埃姆斯市房价数据集）作为展示。数据可在 R 语言中通过安装【modeldata】数据包获得。图 6-7 展示了一个基础的多元线性回归建模过程，用房屋面积和建造年份解释房屋售价。可以看到，数据集一般是用数据框的形式存储，返回的计算结果则存储在列表当中。在本例展示中，这个简单的计算结果符合预期，即建筑建造年份越新，面积越大，售价越高。

```
# install.packages(c("tidyverse, tidymodels"))
library(tidyverse) # 读取数据操作的工具包
library(tidymodels) # 读取数据建模的工具包

data("ames") # 读取来自工具包的内置数据ames

# 选取本分析展示中需要的变量：售价，房屋面积，建造年份
df = select(ames, Sale_Price, Lot_Area, Year_Built)

# 查看存储数据的变量类型
class(df)
#> [1] "tbl_df"       "tbl"          "data.frame"

# 建模展示：简单多元回归线性模型，用面积和建造年份来预测价格，并把结果存放在mod
mod = lm(Sale_Price ~ Lot_Area + Year_Built, data = df)

# 查看存储模型的变量的类型
class(mod)
#> [1] "lm"
# 查看存储模型的变量的基本类型
typeof(mod)
#> [1] "list"
# 展示建模结果
mod
#>
#> Call:
#> lm(formula = Sale_Price ~ Lot_Area + Year_Built, data = df)
#>
#> Coefficients:
#> (Intercept)      Lot_Area     Year_Built
#>  -2.722e+06     2.572e+00      1.459e+03
```

图 6-7　R 语言的数据框、列表和建模

6.3　R 语言的空间数据分析

如前面章节所述，常见的空间数据分为矢量和栅格两大类。矢量数据主要是由坐标点构成的几何拓扑图形，通常体现为点、线、面等类型。矢量数据可以存储空间信息和属性信息。栅格类数据主要由带有元数据的矩阵组成，元数据描述了地理坐标系、注释等信息，矩阵则存储了变量的数据值。R 语言具有处理矢量和栅格数据的能力。本节展示使用的行政边界数据来自工具包【mapchina】，数字高程模型数据来自工具包【elevatr】。

在 R 语言中，安装工具包使用的函数命令是【install. packages（）】。该命令括号内可以用字符向量输入一个或多个需要安装的工具包的名称。键入命令后，已联网的电脑会自动下载安装。安装命令通常仅需运行一次，除非需要升级至最新版本。在每次使用工具

包时，需要在 R 的代码中使用【library（）】函数调用已安装的工具包。图 6-8 展示了 R
语言分析的典型准备工作，即安装和读取工具包。

```
needed_packages = c("tidyverse", "tidymodels", "sf",
                    "terra", "elevatr","mapchina", "mapview")

install.packages(needed_packages)
#> package 'tidyverse' successfully unpacked and MD5 sums checked
#> package 'tidymodels' successfully unpacked and MD5 sums checked
#> package 'sf' successfully unpacked and MD5 sums checked
#> package 'terra' successfully unpacked and MD5 sums checked
#> package 'elevatr' successfully unpacked and MD5 sums checked
#> package 'mapchina' successfully unpacked and MD5 sums checked
#> package 'mapview' successfully unpacked and MD5 sums checked
#>
#> The downloaded binary packages are in
#>  C:\Users\vauvau\AppData\Local\Temp\Rtmp0CE0sl\downloaded_packages


library(tidyverse)
library(tidymodels)
library(sf)
#> Linking to GEOS 3.9.1, GDAL 3.4.3, PROJ 7.2.1; sf_use_s2() is TRUE
library(terra)
#> terra 1.6.17
#>
#> Attaching package: 'terra'
#> The following object is masked from 'package:scales':
#>
#>     rescale
#> The following object is masked from 'package:tidyr':
#>
#>     extract
library(mapchina)
library(elevatr)
```

图 6-8　R 语言分析的准备工作——安装和读取工具包

　　如同任何空间分析任务，首先我们需要对空间数据进行探索性分析。探索性分析的目
的是查看原始数据有哪些变量，数据类型分别是什么，评估哪些数据能支撑本次分析的目
标。有必要的话，还需要进行数据清洗工作。

　　在实际的工作中，我们收集的原始数据往往来自多个数据源，或者不同的下载渠道。
它们通常数据类型多样、格式不一，还可能含有无意义的信息。遇到这一类探索性数据分
析问题，如果使用传统的空间分析工具可能需要使用鼠标进行多次点选操作，或者在表格
处理软件中预先处理数据。但借助编程语言，我们可以自动化处理一类问题。

6.3.1 矢量数据分析

在本例中，我们使用的数据是中国的区县级行政边界，以及对应的人口统计。整合后的数据可在工具包【mapchina】中调取。本案例着重关注湖北范围内的数据情况，目标是探查区县级行政单元的人口在 2000 年、2010 年、2017 年是如何变化的。

首先，我们使用【select】函数提取相应变量，并用【filter】函数筛选出湖北范围内的数据。筛选出需要的数据后，我们就可以开始进行探索性分析，查看属性表和各变量的数据类型，以及空间表征。图 6-9 展示了一个简单的探索性数据分析流程——提取变量，筛选案例，并进行可视化。

```{r}
hubei = mapchina::china %>%
  select(Name_Province, Name_County, Pop_2000, Pop_2010, Pop_2017) %>%
  filter(Name_Province == "湖北省")

hubei %>% view()

hubei %>% mapview(zcol = "Pop_2017")
```

图 6-9　探索性数据分析——提取变量，筛选案例，并进行可视化

属性表显示了区县层级下各个统计单元的名称，以及不同年份的人口数。其中每一行的空间信息由 WKT 格式的文本进行储存，在本例中各个行政区都是多边形。图 6-10 展示了矢量空间数据的属性表。如果我们使用 RStudio 作为代码编辑器，还可以在使用【view（）】命令后对表格进行排序等操作，例如按人口数对区县进行排序。

	Name_Province	Name_County	Pop_2000	Pop_2010	Pop_2017	geometry
1	湖北省	郧西县	492015	447482	435600	MULTIPOLYGON (((109.4363 33....
2	湖北省	公安县	1009690	881128	862800	MULTIPOLYGON (((112.2817 30....
3	湖北省	洪湖市	877775	819446	813200	MULTIPOLYGON (((113.1271 30....
4	湖北省	江陵县	389653	331344	334600	MULTIPOLYGON (((112.592 29....
5	湖北省	荆州区	585578	553756	583700	MULTIPOLYGON (((112.215 30....
6	湖北省	沙市区	591572	600330	662000	MULTIPOLYGON (((112.5275 30....
7	湖北省	石首市	602649	577022	569500	MULTIPOLYGON (((112.592 29....
8	湖北省	松滋市	859941	765911	768600	MULTIPOLYGON (((112.038 30....
9	湖北省	秭归县	398043	367107	362600	MULTIPOLYGON (((110.5354 31....
10	湖北省	长阳土家族自治县	416782	388228	388200	MULTIPOLYGON (((110.953 30....
11	湖北省	当阳市	495946	468293	469600	MULTIPOLYGON (((111.5492 30....

图 6-10　探索性数据分析——查看矢量空间数据的属性表

空间数据同时具有空间信息和属性信息，可以通过地图可视化将变量信息投射到地图中，由此生成人口变量的空间分布图，该图能直观地反映 2017 年湖北省的人口分布概况。从人口分布展示中，我们可以发现整体而言湖北中部和东边地区的区县人口数相对较大。

在空间数据的可视化中，一个需要考虑的问题是，我们到底需要在各个统计单元中展示绝对数值（例如人口数），还是标准化后的数值（例如人口密度）。它们的可视化效果往

往有较大差异，从而给读者带来完全不同的视觉解读。

　　分析人口密度和人口数量的关键区别在于密度是通过面积来计算的。这一步我们使用了来自【sf】工具包的【st_area（）】命令，调取了各个统计单元的面积，并将单位由平方米转换为更符合日常表述习惯的平方公里，再使用人口数除以该面积。图 6-11 展示了分析用的代码。结果显示，如果以人口密度进行空间可视化，那么武汉都市圈的人口密度明显高于全省其他区县的人口密度。

```{r}
hubei %>%
  st_transform(crs = 32649) %>%
  mutate(area_km2 = st_area(geometry) * 10^(-6)) %>%
  mutate(pop_density_2017 = Pop_2017 / area_km2) %>%
  mapview(zcol = "pop_density_2017")
```

图 6-11　R 语言中分析人口密度的代码

　　在 R 语言的分析流程中，除了对空间数据的地图进行展示，还能对属性信息进行进一步的分析。假设我们感兴趣的问题是"湖北省哪些区县的人口密度排名前二十"，那么我们可以使用代码进行操作分析。如图 6-12 所示。在这里，我们使用工具包【ggplot2】绘制柱状图。柱状图可视化要求用户提供两个变量——用于描述各柱名称的定类数据，以及用于决定柱长的数值变量。定类数据需要输入各区县名称，数值数据则需要输入先前计算好的人口密度。

```{r}
top20_dense_regions = hubei %>%
  st_transform(crs = 32649) %>%
  mutate(area_km2 = st_area(geometry) * 10^(-6)) %>%
  mutate(pop_density_2017 = Pop_2017 / area_km2) %>%
  mutate(pop_density_2017 = as.numeric(pop_density_2017)) %>%
  arrange(desc(pop_density_2017)) %>%
  head(20) %>%
  st_drop_geometry()

top20_dense_regions %>%
  ggplot(aes(x = fct_reorder(Name_County, pop_density_2017),
             y = pop_density_2017)) +
  geom_col() +
  coord_flip() +
  ggtitle("湖北省人口密度排位前二十的区县") +
  ylab('人口密度(人/平方公里)') +
  xlab('区县名称')
```

图 6-12　分析人口密度排名靠前区县的代码

　　结果显示，武汉市主城区中的江汉区、硚口区、武昌区、江岸区的人口密度位列全省前四。这 4 个行政区划的人口密度均超过 10000 人每平方公里。黄石市的黄石港区是全省范围内非武汉市域的人口密度最高的区县。

　　通过柱状图还可以分析出，各区县人口密度的差异较大。哪怕已经同时位列于全省人口密度最高的 20 个区县，排位前几位区县的人口密度仍达到排位靠后区县人口密度的 10 倍，如图 6-13 所示。

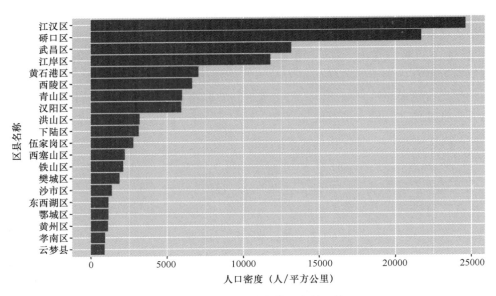

图 6-13　人口密度排名前二十的区县

如果我们并不只是对各个区县感兴趣，还想要知道湖北省下辖的各地级行政区的人口密度情况，我们也可以用表格的形式来统计各地级行政区的最大、最小、平均、中位、平均密度，或者用箱形图的形式来表达数据分布。

图 6-14 展示了绘制箱形图的代码。其中一个重要的步骤是对数值变量人口密度进行对数化处理，使用【scale _ y _ log10（）】命令。对数化处理的原因是该变量的数值分布是一个偏态分布，将会影响数据可视化的判读，不利于展现趋势。

```{r}
mapchina::china %>%
  select(Name_Province, Name_Perfecture,
         Name_County, Pop_2000,
         Pop_2010, Pop_2017) %>%
  filter(Name_Province == "湖北省", !is.na(Name_Perfecture)) %>%
  st_transform(crs = 32649) %>%
  mutate(area_km2 = st_area(geometry) * 10^(-6)) %>%
  mutate(pop_density_2017 = Pop_2017 / area_km2) %>%
  mutate(pop_density_2017 = as.numeric(pop_density_2017)) %>%
  ggplot(aes(reorder(Name_Perfecture, pop_density_2017,FUN = median),
             pop_density_2017)) +
  geom_boxplot() +
  scale_y_log10() +
  coord_flip() +
  ggtitle("湖北省下辖各地级行政区范围内区县人口密度箱形图") +
  ylab('人口密度的对数函数变换') +
  xlab('区县名称')
```

图 6-14　绘制湖北省下辖各地级行政区范围内区县人口密度箱形图代码

箱形图结果见图 6-15。结果显示，以中位数来看武汉市内各区的人口密度最高，但内部差异较大。黄石市、孝感市、鄂州市分列第 2、3、4 位。宜昌市内各区的人口密度偏低，但内部少数区县的人口密度较高，内部差异大。恩施土家族苗族自治州和十堰市的整体人口密度较低。

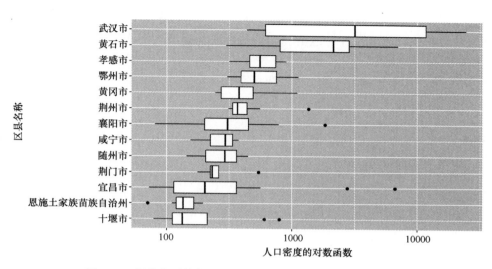

图 6-15　湖北省下辖各地级行政区范围内区县人口密度箱形图

我们也能够以表格来展示相应的总结值。分析代码见图 6-16，表格结果见图 6-17。图和表能够相互配合说明问题。

```{r}
hubei %>%
  st_drop_geometry() %>%
  group_by(Name_Perfecture) %>%
  summarise(lowest_density = min(pop_density_2017),
            max_density = max(pop_density_2017),
            mean_density = mean(pop_density_2017),
            median_density = median(pop_density_2017)) %>%
  view()
```

图 6-16　湖北省下辖各地级行政区范围内区县人口密度总结统计的代码

	Name_Perfecture	lowest_density	max_density	mean_density	median_density
1	武汉市	439.79148	24642.4884	6929.4168	3176.9143
2	黄石市	298.52236	7049.1053	2564.0083	2156.0021
3	孝感市	314.64308	899.6567	600.5965	555.4803
4	鄂州市	304.69325	1125.4230	643.8363	501.3925
5	黄冈市	244.16212	1102.8164	443.5264	381.8251
6	荆州市	310.12072	1359.2470	504.4480	367.7521
7	襄阳市	80.39011	1845.0003	491.8652	307.4131
8	咸宁市	155.24444	374.5778	279.0400	294.7590
9	随州市	144.35055	449.0310	295.2342	292.3210
10	荆门市	177.36714	541.6569	286.8907	231.2041
11	宜昌市	72.63043	6639.7528	902.1222	201.7987
12	恩施土家族苗族自治州	70.45216	196.0363	139.5794	136.0970
13	十堰市	78.48634	789.7937	262.4490	134.1513

图 6-17　湖北省下辖各地级行政区范围内区县人口密度总结值

使用编程语言做空间数据分析的便利之处在于，如果原始数据的格式相同，那么针对特定场地的分析代码可以很容易地拓展到其他研究场地或者更大的研究范围。如图 6-18 所示，在同一个大的数据源中，我们仅仅改变了几行代码，就能把这个分析扩展到其他省份。图 6-19 展示了四川省下辖各地级行政区范围内区县人口密度箱形图。结果显示，成都市、自贡市、内江市人口密度在四川省内排名前列。

```{r}
name = "四川省"

province = mapchina::china %>%
  select(Name_Province, Name_Perfecture,
         Name_County, Pop_2000,
         Pop_2010, Pop_2017) %>%
  filter(Name_Province == name, !is.na(Name_Perfecture)) %>%
  st_transform(crs = 32649) %>%
  mutate(area_km2 = st_area(geometry) * 10^(-6)) %>%
  mutate(pop_density_2017 = Pop_2017 / area_km2) %>%
  mutate(pop_density_2017 = as.numeric(pop_density_2017))

province %>%
  ggplot(aes(reorder(Name_Perfecture, pop_density_2017,FUN = median),
             pop_density_2017)) +
  geom_boxplot() +
  scale_y_log10() +
  coord_flip() +
  ggtitle(glue::glue("{name}下辖各地级行政区范围内区县人口密度箱形图")) +
  ylab('人口密度的对数函数变换') +
  xlab('区县名称')
```

图 6-18　绘制四川省下辖各地级行政区范围内区县人口密度箱形图的代码

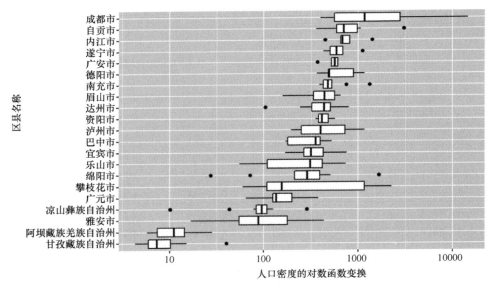

图 6-19　四川省下辖各地级行政区范围内区县人口密度箱形图

如果要计算人口变化率，即 2017 年的人口相对于 2000 年的人口变化了百分之多少，之前的分析思路也可以通过类似的代码片段实现。如图 6-20 显示了如何分析湖北省下辖各地级行政区范围内区县人口从 2000 到 2017 年的变化率。为了对可视化的色彩结果进行

```{r}
library(tmap)

hubei = mapchina::china %>%
  select(Name_Province, Name_Perfecture,
         Name_County, Pop_2000,
         Pop_2010, Pop_2017) %>%
  filter(Name_Province == "湖北省") %>%
  mutate(pop_change_percentage = (Pop_2017 - Pop_2000)/ Pop_2000 * 100)


tmap::tmap_mode("view")
hubei %>% tm_shape() +
  tmap::tm_polygons("pop_change_percentage", palette = "-inferno")
```

图 6-20　分析湖北省下辖各地级行政区范围内区县人口从 2000 到 2017 年的变化率的代码

精确控制，我们使用了【tmap】工具包，并调用了配色方案【inferno】。

　　人口变化率的分析显示，近二十年来，在区县层面湖北省的人口变化率呈现明显的聚集化趋势。大量区县的人口数减少，可能流向了若干区域中心。除了武汉下辖的东西湖区和洪山区，人口变化率增长超过 50％的区县还有宜昌市的点军区、十堰市的茅箭区、襄阳市的樊城区和襄城区等。

6.3.2　栅格数据分析

　　R 语言除了能够分析矢量数据，也能方便地处理栅格数据。下面我们以湖北省为例，演示如何使用 R 语言进行栅格数据分析。这里使用的数据是 ALOS-2 数字高程模型。R 语言可以直接下载所需范围的高程数据，代码如图 6-21 所示。用户也可在数据发布源的网站进行下载，再导入 R 语言进行裁切处理。

```{r}
hubei = mapchina::china %>%
    select(Name_Province, Name_Perfecture,
           Name_County, Pop_2000,
           Pop_2010, Pop_2017) %>%
    filter(Name_Province == "湖北省")
# 处理需要的边界范围

hubei_dem = elevatr::get_elev_raster(hubei, z=10, clip = "locations")
# 下载数字高程模型

hubei_dem = terra::rast(hubei_dem)
# 数据转换

hubei_dem %>% plot()
```

图 6-21　使用【elevatr】工具包下载数字高程模型

　　在准备好数字高程模型后，我们可以进一步地进行地形分析，包括坡度（slope）、坡向（aspect）、山影分析（hillshade），以及坡位指数（TPI）、粗糙度指数（roughness）、水文流向（flowdir）分析等。图 6-22 的代码展示了地形分析的函数命令。

　　计算完成的结果仍为栅格数据类型，能够直接进行地图可视化。结合海拔信息可发现，鄂中部地区的地势平缓，东西两侧则有显著的坡度变化，其中鄂西地区整体海拔较高，山峦起伏，地形粗糙度较高。

```{r}
hubei_dem = hubei_dem %>% terra::project(y = "epsg:32649")
# 将地理坐标系转化为投影坐标系

slope = hubei_dem %>% terra::terrain(v = "slope")
# 计算坡度

aspect = hubei_dem %>% terra::terrain(v = "aspect")
# 计算坡向

TPI = hubei_dem %>% terra::terrain(v = "TPI")
# 计算坡位指数

roughness = hubei_dem %>% terra::terrain(v = "roughness")
# 计算地形粗糙度指数

flowdir = hubei_dem %>% terra::terrain(v = "flowdir")
# 计算基于地形的水文流向

```

图 6-22　基于数字高程模型的地形分析的函数命令

除此之外，还可以结合矢量数据和栅格数据进行一些综合性的分析。例如，想要知道各个行政区县的平均坡度、平均海拔、平均地形粗糙度，并且分析它们和各区县人口变化的关系。虽然仍可沿用前述分析的代码和已经处理好的数据变量，但为了展示完整的过程，这里仍列出了所有步骤的代码。图 6-23 显示了如何以区县作为统计单元总结地形信息，图 6-24 进一步分析了人口变化率和地形信息的关系，结果如图 6-25 所示。

```{r}
library(exactextractr)
# 准备区县的行政单元矢量数据
hubei = mapchina::china %>%
  select(Name_Province, Name_Perfecture,
         Name_County, Pop_2000,
         Pop_2010, Pop_2017) %>%
  filter(Name_Province == "湖北省") %>%
  mutate(pop_change_percentage = (Pop_2017 - Pop_2000)/ Pop_2000 * 100)


# 准备数字高程模型
hubei_dem = elevatr::get_elev_raster(hubei, z=10, clip = "locations")
hubei_dem = terra::rast(hubei_dem)
hubei_dem = terra::project(hubei_dem, y = "epsg:32649")

hubei_slope = terra::terrain(hubei_dem, "slope")

hubei_roughness = terra::terrain(hubei_dem, "roughness")

# 以区县作为统计单元总结地形信息
hubei = hubei %>% st_transform(crs = 32649)

mean_dem = exactextractr::exact_extract(x = hubei_dem,
                                        y = hubei,
                                        fun="mean")

mean_slope = exactextractr::exact_extract(x = hubei_slope,
                                          y = hubei,
                                          fun="mean")

mean_roughness = exactextractr::exact_extract(x = hubei_roughness,
                                              y = hubei,
                                              fun="mean")
```

图 6-23　以区县作为统计单元总结地形信息

```{r}
library(correlation)

hubei_result = hubei %>%
  mutate(mean_dem = mean_dem,
         mean_slope = mean_slope,
         mean_roughness = mean_roughness) %>%
  st_drop_geometry() %>%
  select(pop_change_percentage,
         mean_dem,
         mean_slope,
         mean_roughness)

corr_res = hubei_result %>%
  correlation::correlation()

corr_res

hubei_result

```

图 6-24　人口变化率和地形信息的关系

Parameter1	Parameter2	r	95% CI	t	df	p
pop_change_percentage	mean_dem	-0.22	[-0.40, -0.03]	-2.24	97	0.083
pop_change_percentage	mean_slope	-0.19	[-0.38, 0.01]	-1.93	97	0.113
pop_change_percentage	mean_roughness	-0.19	[-0.37, 0.01]	-1.91	97	0.113
mean_dem	mean_slope	0.93	[0.89, 0.95]	24.57	101	< .001***
mean_dem	mean_roughness	0.93	[0.90, 0.95]	25.81	101	< .001***
mean_slope	mean_roughness	1.00	[1.00, 1.00]	413.38	101	< .001***

图 6-25　人口变化率和地形信息的关系结果

在本例中，区县的人口变化率与平均海拔、平均坡度、平均地形粗糙度呈负相关，但并不具备统计学上的显著性。当然这只是一个展示案例，如果想要建模分析人口变化率，往往需要根据相关文献和研究假设引入其他变量，如产业、经济、社会信息等。但本例展示的数据处理过程代表了一个典型的分析流程，可借此了解使用编程进行空间数据分析的大致步骤。

思 考 题

1. 利用编程进行景观分析有哪些优势？
2. 编程在景观数字分析中的未来发展趋势怎样？

附录1：ArcGIS 常用工具索引表

技术汇总	描述	页码
【投影栅格】	将栅格数据的坐标系进行转换	28
【坡度】	通过 DEM 生成某一区域的坡度数据	28
【坡向】	通过 DEM 生成某一区域的坡向数据	28
【焦点统计】	针对栅格数据，为每个输入像元位置计算其周围指定邻域内的值的统计数据（最大值、最小值、平均值、范围等），可用于地形起伏度、提取山顶点等分析	29
【等值线】	栅格数据集中连接等值位置的线，可用于等高线、等温线、等降雨量线等的提取分析	29
【平滑线】	对线中的尖角进行平滑处理以使制图更加美观或改善制图质量，可用于等值线的平滑处理	29
【栅格范围】	创建栅格数据集数据部分的面或折线的轮廓线	30
【填洼】	通过填充表面栅格中的凹陷点来移除数据中的小缺陷	32
【流向】	创建从每个像元到其下坡相邻点的流向的栅格	32
【流量】	创建每个像元累积流量的栅格，可选择性地应用权重系数	32
【栅格计算器】	创建和执行将输出栅格的地图代数表达式	32
【河流链接】	向各交汇点之间的栅格线状网络的各部分分配唯一值	32
【河网分级】	为表示线状网络分支的栅格线段指定数值顺序	33
【栅格河网矢量化】	将表示线状网络的栅格转换为表示线状网络的要素	33
【盆域分析】	创建描绘所有流域盆地的栅格	34
【要素折点转点】	创建包含从输入要素的指定折点或位置生成的点的要素类	34
【捕捉倾泻点】	将倾泻点捕捉到指定范围内累积流量最大的像元	34
【分水岭】	确定栅格中一组像元之上的汇流区域	34
【重分类】	对栅格数据通过多种方法将像元值重分类或更改为替代值	35
【值提取至点】	基于一组点要素提取栅格像元值，并将这些值记录到输出要素类的属性表	35
【视域】	确定对一组观察点要素可见的栅格表面位置	36
【插值 shape】	通过从表面插入 Z 值创建 3D 要素	36
【创建渔网】	创建由矩形像元组成的渔网，输出可以是折线或面要素	40
【栅格转面】	将栅格数据集转换为面要素	41
【要素转点】	创建包含从输入要素的代表位置生成的点的要素类	41
【空间连接】	根据空间关系将一个要素类的属性连接到另一个要素类的属性，并将目标要素和来自连接要素的被连接属性写入到输出要素类	41
【平均中心】	识别一组要素的地理中心（或密度中心）	41

续表

技术汇总	描述	页码
【融合】	基于指定属性聚合要素	42
【联合】	计算输入要素的几何并集，并将所有要素及其属性都写入输出要素类	43
【表转 Excel】	将表转换为 Microsoft Excel 文件	45
【投影】	将空间数据从一种坐标系投影到另一种坐标系	51
【面转栅格】	将面要素转换为栅格数据集	51
【以表格显示分区统计】	汇总另一个数据集区域内的栅格数据值并以表的形式显示结果	52
【标识】	计算输入要素和标识要素的几何交集，与标识要素重叠的输入要素或输入要素的一部分将获得这些标识要素的属性	90
【缓冲区】	在输入要素周围某一指定距离内创建缓冲区多边形	94

附录 2：Enscape 常用工具索引表

工具名称	描述	图标	页码
【打开】	对图层进行显示或关闭		74
【锁定】	对图层进行锁定，则不可编辑		74
【素材库】	通过 Enscape 素材库浏览素材并将素材放置在 Rhino 中		82
【屏幕快照】	创建当前 Enscape 视图的渲染		82
【导出视频】	创建当前视频路径的视频		84
【视频编辑器】	打开或关闭视频编辑器		83

附录3：第6章代码

```
---
title："book_code"
format：html
editor：visual
editor_options：
  chunk_output_type：console
---
```

```r
27 + 21 #加减乘除

a = 2 #赋值和代数运算
a^3

b = 18 / sqrt(4) #带有函数的运算
c = b * 2
c
```

```r
d = c(1, 3, 5, 7, 9) #创建一个向量,需要用函数c()接收一列同类元素
e = d * 2 #向量的加减乘除等计算,即对向量的每一个元素进行计算
e
f = mean(d) #向量的总结计算,结果的长度为1
f

g = "我来自"
h = c("湖北", "云南", "四川")
i = "很高兴认识你们!"
paste0(g, h, ",", i) #粘贴字符
```

```r
install. packages(c("tidyverse, tidymodels")) #仅需首次运行时安装


library(tidyverse) #读取数据操作的工具包
```

```r
library(tidymodels)  # 读取数据建模的工具包

data("ames")  # 读取来自工具包的内置数据 ames

# 选取本分析展示中需要的变量：售价，房屋面积，建造年份
df = select(ames, Sale_Price, Lot_Area, Year_Built)

# 查看存储数据的变量类型
class(df)

# 建模展示：简单多元回归线性模型，用面积和建造年份来预测价格，并把结果存放在 mod 变量
mod = lm(Sale_Price ~ Lot_Area + Year_Built, data = df)

# 查看存储模型的变量的类型
class(mod)
# 查看存储模型的变量的基本类型
typeof(mod)
# 展示建模结果
mod
```
…

…{r}
```r
needed_packages = c("tidyverse", "tidymodels", "sf",
                    "terra", "elevatr","mapchina", "mapview",
                    "units", "tmap", "exactextractr", "correlation")

install.packages(needed_packages)  # 仅需首次运行时安装

library(tidyverse)
library(tidymodels)
library(sf)
library(terra)
library(mapchina)
library(elevatr)
library(mapview)
library(units)
library(tmap)
library(exactextractr)
library(correlation)
```
…

…{r}
```r
hubei = mapchina::china %>%
  select(Name_Province, Name_County, Pop_2000, Pop_2010, Pop_2017) %>%
  filter(Name_Province == "湖北省")
```

```r
hubei %>% view()

hubei %>% mapview(zcol = "Pop_2017")
```
...

...{r}
```r
hubei %>%
  st_transform(crs = 32649) %>%
  mutate(area_km2 = st_area(geometry) * 10^(-6)) %>%
  mutate(pop_density_2017 = Pop_2017 / area_km2) %>%
  mapview(zcol = "pop_density_2017")
```
...

...{r}
```r
mapchina::china %>%
  filter(Name_County == "黄石港区")
```
...

...{r}
```r
top20_dense_regions = hubei %>%
  st_transform(crs = 32649) %>%
  mutate(area_km2 = st_area(geometry) * 10^(-6)) %>%
  mutate(pop_density_2017 = Pop_2017 / area_km2) %>%
  mutate(pop_density_2017 = as.numeric(pop_density_2017)) %>%
  arrange(desc(pop_density_2017)) %>%
  head(20) %>%
  st_drop_geometry()

top20_dense_regions %>%
  ggplot(aes(x = fct_reorder(Name_County, pop_density_2017),
             y = pop_density_2017)) +
  geom_col() +
  coord_flip() +
  ggtitle("湖北省人口密度排位前二十的区县") +
  ylab("人口密度（人/平方公里）") +
  xlab("区县名称")
```
...

...{r}
```r
hubei = mapchina::china %>%
  select(Name_Province，Name_Perfecture,
         Name_County, Pop_2000,
         Pop_2010，Pop_2017) %>%
  filter(Name_Province == "湖北省",！is.na(Name_Perfecture)) %>%
  st_transform(crs = 32649) %>%
```

```
    mutate(area_km2 = st_area(geometry) * 10^(-6)) %>%
    mutate(pop_density_2017 = Pop_2017 / area_km2) %>%
    mutate(pop_density_2017 = as. numeric(pop_density_2017))

hubei %>%
    ggplot(aes(reorder(Name_Perfecture, pop_density_2017,FUN = median),
                pop_density_2017)) +
    geom_boxplot() +
    scale_y_log10() +
    coord_flip() +
    ggtitle("湖北省下辖各地级行政区范围内区县人口密度箱形图") +
    ylab('人口密度的对数函数变换') +
    xlab('区县名称')
...


...{r}
hubei %>%
    st_drop_geometry() %>%
    group_by(Name_Perfecture) %>%
    summarise(lowest_density = min(pop_density_2017),
                max_density = max(pop_density_2017),
                mean_density = mean(pop_density_2017),
                median_density = median(pop_density_2017)) %>%
    view()
...


...{r}
name = "四川省"

province = mapchina::china %>%
    select(Name_Province, Name_Perfecture,
            Name_County, Pop_2000,
            Pop_2010, Pop_2017) %>%
    filter(Name_Province == name, ! is. na(Name_Perfecture)) %>%
    st_transform(crs = 32649) %>%
    mutate(area_km2 = st_area(geometry) * 10^(-6)) %>%
    mutate(pop_density_2017 = Pop_2017 / area_km2) %>%
    mutate(pop_density_2017 = as. numeric(pop_density_2017))

province %>%
    ggplot(aes(reorder(Name_Perfecture, pop_density_2017,FUN = median),
                pop_density_2017)) +
    geom_boxplot() +
    scale_y_log10() +
    coord_flip() +
```

```r
  ggtitle(glue::glue("{name}下辖各地级行政区范围内区县人口密度箱形图")) +
  ylab('人口密度的对数函数变换') +
  xlab('区县名称')
```
...

...{r}
```r
hubei = mapchina::china %>%
  select(Name_Province，Name_Perfecture，
         Name_County，Pop_2000，
         Pop_2010，Pop_2017) %>%
  filter(Name_Province == "湖北省") %>%
  mutate(pop_change_percentage = (Pop_2017-Pop_2000)/ Pop_2000 * 100)


tmap::tmap_mode("view")
hubei %>% tm_shape() +
  tmap::tm_polygons("pop_change_percentage"，palette = "−inferno"，popup. vars=c("Name_
County"，"Name_Perfecture"))
```
...

...{r}
```r
hubei %>%
  filter(pop_change_percentage > 50)
```
...

...{r}
```r
hubei = mapchina::china %>%
    select(Name_Province，Name_Perfecture，
           Name_County，Pop_2000，
           Pop_2010，Pop_2017) %>%
    filter(Name_Province == "湖北省")
#处理需要的边界范围

hubei_dem = elevatr::get_elev_raster(hubei，z=10，clip = "locations")
#下载数字高程模型

hubei_dem = terra::rast(hubei_dem)
#数据转换

hubei_dem %>% plot()
```
...

...{r}
```r
hubei_dem = hubei_dem %>% terra::project(y = "epsg:32649")
#将地理坐标系转化为投影坐标系
```

```r
slope = hubei_dem %>% terra::terrain(v = "slope")
#计算坡度

aspect = hubei_dem %>% terra::terrain(v = "aspect")
#计算坡向

TPI = hubei_dem %>% terra::terrain(v = "TPI")
#计算坡位指数

roughness = hubei_dem %>% terra::terrain(v = "roughness")
#计算地形粗糙度指数

flowdir = hubei_dem %>% terra::terrain(v = "flowdir")
#计算基于地形的水文流向

...
```

```r
...{r}
#准备区县的行政单元矢量数据
hubei = mapchina::china %>%
  select(Name_Province, Name_Perfecture,
         Name_County, Pop_2000,
         Pop_2010, Pop_2017) %>%
  filter(Name_Province == "湖北省") %>%
  mutate(pop_change_percentage = (Pop_2017 - Pop_2000)/ Pop_2000 * 100)


#准备数字高程模型
hubei_dem = elevatr::get_elev_raster(hubei, z=10, clip = "locations")
hubei_dem = terra::rast(hubei_dem)
hubei_dem = terra::project(hubei_dem, y = "epsg:32649")

hubei_slope = terra::terrain(hubei_dem, "slope")

hubei_roughness = terra::terrain(hubei_dem, "roughness")

#以区县作为统计单元总结地形信息
hubei = hubei %>% st_transform(crs = 32649)

mean_dem = exactextractr::exact_extract(x = hubei_dem,
                                        y = hubei,
                                        fun="mean")

mean_slope = exactextractr::exact_extract(x = hubei_slope,
                                          y = hubei,
```

```
                                          fun="mean")

mean_roughness = exactextractr::exact_extract(x = hubei_roughness,
                                              y = hubei,
                                              fun="mean")
...


...{r}
hubei_result = hubei %>%
  mutate(mean_dem = mean_dem,
         mean_slope = mean_slope,
         mean_roughness = mean_roughness) %>%
  st_drop_geometry() %>%
  select(pop_change_percentage,
         mean_dem,
         mean_slope,
         mean_roughness)

corr_res = hubei_result %>%
  correlation::correlation()

corr_res

hubei_result

...
```

参 考 文 献

[1] 刘颂. 数字景观的缘起、发展与应对[J]. 园林, 2015, 32(10): 12-15.

[2] 汪菊渊. 中国大百科全书(建筑 园林 城市规划)[M]. 北京: 中国大百科全书出版社, 1988.

[3] 岳峰, 戴菲, 贾行飞. 中国风景园林规划设计领域GIS的应用研究进展[J]. 风景园林, 2014, 21(4): 47-52.

[4] 戴菲, 姜佳怡, 杨波. GIS在国外风景园林领域研究前沿[J]. 中国园林, 2017, 33(8): 52-58.

[5] Landscape Institute. BIM For Landscape [M]. London: Routledge, 2016.

[6] 舒斌龙, 王忠杰, 王兆辰, 等. 风景园林信息模型(LIM)技术实践探究与应用实证[J]. 中国园林, 2020, 36(9): 23-28.

[7] 陈国栋, 邱冰, 王浩. 一种基于虚拟现实技术的植物景观规划设计方案评价与修正方法——以长荡湖旅游度假区为例[J]. 中国园林, 2022, 38(2): 31-36.

[8] 赵晶, 曹易. 风景园林研究中的人工智能方法综述[J]. 中国园林, 2020, 36(5): 82-87.

[9] 赵晶, 陈然, 郝慧超, 等. 机器学习技术在风景园林中的应用进展与展望[J]. 北京林业大学学报, 2021, 43(11): 137-156.

[10] 韩炜杰, 王一岚, 郭巍. 无人机航测在风景园林中的应用研究[J]. 风景园林, 2019, 26(5): 35-40.

[11] 郭湧, 胡洁, 郑越, 等. 面向行业实践的风景园林信息模型技术应用体系研究: 企业LIM平台构建[J]. 风景园林, 2019, 26(5): 13-17.

[12] 潘越丰, 佟昕, 李靖婷. 成都独角兽岛启动区景观设计LIM实践[J]. 中国园林, 2020, 36(9): 42-46.

[13] 刘祖文. 3S原理与应用[M]. 北京: 中国建筑工业出版社, 2006.

[14] 张学玲. 基于eCognition影像解译技术的风景环境植被景观遥感量化研究——以云南鸡足山为例[J]. 中国园林, 2020, 36(10): 81-85.

[15] 周伟, 王脩珺. 高分辨率遥感数据在园林绿化调查中的应用进展[J]. 中国园林, 2006, 22(12): 72-76.

[16] 胡祎. 地理信息系统(GIS)发展史及前景展望[D]. 北京: 中国地质大学(北京), 2011.

[17] 牛强, 严雪心, 侯亮, 等. 城乡规划GIS技术应用指南·国土空间规划编制和双评价[M]. 北京: 中国建筑工业出版社, 2020.

[18] Yang J, Huang X. The 30 m annual land cover datasets and its dynamics in China from 1990 to 2019 [J]. Earth Science System Data, 2021, 13: 3907-3925.

[19] 杨国东, 王民水. 倾斜摄影测量技术应用及展望[J]. 测绘与空间地理信息, 2016, 39(1): 13-15, 18.

[20] 谭仁春, 李鹏鹏, 文琳, 等. 无人机倾斜摄影的城市三维建模方法优化[J]. 测绘通报, 2016(11): 39-42.

[21] 付全华. 《民用无人驾驶航空器实名制登记管理规定》政策解读与展望[J]. 中国民用航空, 2017, 7: 2.

[22] 陈明, 戴菲. 基于GIS江汉区城市公园绿地服务范围及优化布局研究[J]. 中国城市林业, 2017, 15(3): 16-20.

［23］ Gong P，Chen B，Li X，et al. Mapping Essential Urban Land Use Categories in China（EULUC-China）：preliminary results for 2018［J］. Science Bulletin，2019，65（3）：182-187.

［24］ Herzele A V，Wiedemann T. A monitoring tool for the provision of accessible and attractive urban green spaces［J］. Landscape and Urban Planning，2003，63：109-126.

［25］ 任家怿，王云. 基于改进两步移动搜索法的上海市黄浦区公园绿地空间可达性分析［J］. 地理科学进展，2021，40（5）：774-783.

［26］ 牛强. 城市规划 GIS 技术应用指南［M］. 北京：中国建筑工业出版社，2012.

［27］ Soille P，Vogt P. Morphological segmentation of binary patterns［J］. Pattern recognition letters，2009，30（4）：456-459.

［28］ 许峰，尹海伟，孔繁华，等. 基于 MSPA 与最小路径方法的巴中西部新城生态网络构建［J］. 生态学报，2015，35（19）：6425-6434.

［29］ 阮敬. 提升编程能力在数据科学领域占有一席之地［J］. 中国统计，2020，1.

［30］ bdelRahman M A E，Natarajan A，Hegde R，et al. Assessment of land degradation using comprehensive geostatistical approach and remote sensing data in GIS-model builder［J］. The Egyptian Journal of Remote Sensing and Space Science，2019，22（3）：323-334.

［31］ Team R C. R language definition［J］. Vienna，Austria：R foundation for statistical computing，2000.

［32］ 刘钰，余卓芮，刘岱宁. R 语言可视化的优势及其在空间统计教学中的应用［J］. 高教论坛，2020（5）：30-33.

［33］ Kaya E，Agca M，Adiguzel F，et al. Spatial data analysis with R programming for environment［J］. Human and ecological risk assessment：An International Journal，2019，25（6）：1521-1530.

［34］ Lovelace R，Nowosad J，Muenchow J. Geocomputation with R［M］. Chapman and Hall/CRC，2019.

［35］ Bivand R S. Progress in the R ecosystem for representing and handling spatial data［J］. Journal of Geographical Systems，2021，23（4）：515-546.

［36］ Hesselbarth M H K，Nowosad J，Signer J，et al. Open-source tools in R for landscape ecology［J］. Current Landscape Ecology Reports，2021，6（3）：97-111.

［37］ 黄天元. R 语言数据高效处理指南［M］. 北京大学出版社，2019.

［38］ Healy K. Data visualization：a practical introduction［M］. Princeton University Press，2018.

［39］ Mailund T. Plotting：ggplot2［M］//R Data Science Quick Reference. Apress，Berkeley，CA，2019：219-238.

［40］ 郭雨臣，黄金川，林浩曦. 多源数据融合的中国人口数据空间化研究［J］. 遥感技术与应用，2020，35（1）：219-232.

［41］ Tennekes M. tmap：Thematic Maps in R［J］. Journal of Statistical Software，2018，84：1-39.

［42］ Hesselbarth M H K，Sciaini M，With K A，et al. landscapemetrics：An open - source R tool to calculate landscape metrics［J］. Ecography，2019，42（10）：1648-1657.

后　记

本教材于 2021 年获得华中科技大学研究生教材建设立项，在各位老师与同学的共同努力下，顺利撰写完成。陈明老师作为本教材的主编，负责本教材编撰的全面安排、总体撰写与协调工作；文晨、戴菲老师担任副主编，负责部分章节撰写、教材内容的审校，具体写作分工如下：

第 1 章　景观数字技术概述(陈明)；

第 2 章　数据采集与基础分析(陈明)；

第 3 章　基于数字技术的景观设计(戴菲)；

第 4 章　基于数字技术的景观规划(陈明)；

第 5 章　基于数字技术的景观研究(陈明)；

第 6 章　基于编程的景观大数据获取与分析(文晨)。

华中科技大学建筑与城市规划学院景观学系的研究生侯凯琦、李姝颖、马子迪也参与了本教材各章的文献资料收集、整理、绘图等工作，在此表示感谢。

本教材写作过程中也参考了一些正式出版的文献，文中引用的图表亦标注了来源，在此对他们的知识贡献表示感谢。

华中科技大学

景观学系数字景观教学团队

2022 深秋于喻园